机电控制实训教程

主 编 陈白宁 关丽荣

北京理工大学出版社
BEIJING INSTITUTE OF TECHNOLOGY PRESS

内 容 简 介

本书所选取的实验、实训项目贴合生产实际，突出工程应用背景，能够达到强化实践能力和工程应用能力的目的。本书共分11章，内容包括继电器-接触器控制系统实验、西门子S7-200 PLC的软件应用与仿真、西门子S7-200 PLC实验、欧姆龙CP1H PLC的软件应用与仿真、欧姆龙CP1H PLC实验、单片机实验、单片机应用系统实训、机电系统计算机控制技术实验、基于PLC的开关量顺序控制项目实训、位置与速度控制的机电综合项目实训、机电系统综合创新实训。

本书为本科机械电子工程专业和机械设计制造及自动化专业的实训教材，也可供相关专业高职、电大、函大、网大学生参考。

版权专有　侵权必究

图书在版编目（CIP）数据

机电控制实训教程/陈白宁，关丽荣主编. —北京：北京理工大学出版社，2019.7（2023.7重印）
ISBN 978-7-5682-7272-8

Ⅰ.①机… Ⅱ.①陈… ②关… Ⅲ.①机电一体化—控制系统—教材 Ⅳ.①TH-39

中国版本图书馆 CIP 数据核字（2019）第 146340 号

出版发行 / 北京理工大学出版社有限责任公司
社　　址 / 北京市海淀区中关村南大街5号
邮　　编 / 100081
电　　话 /（010）68914775（总编室）
　　　　　（010）82562903（教材售后服务热线）
　　　　　（010）68948351（其他图书服务热线）
网　　址 / http://www.bitpress.com.cn
经　　销 / 全国各地新华书店
印　　刷 / 唐山富达印务有限公司
开　　本 / 787毫米×1092毫米　1/16
印　　张 / 15.5　　　　　　　　　　　　　　责任编辑 / 陆世立
字　　数 / 364千字　　　　　　　　　　　　文案编辑 / 赵　轩
版　　次 / 2019年7月第1版　2023年7月第3次印刷　责任校对 / 周瑞红
定　　价 / 42.00元　　　　　　　　　　　　责任印制 / 李志强

图书出现印装质量问题，请拨打售后服务热线，本社负责调换

前　言

应用型人才的培养是最近几年国家教育部门重点推进的发展战略，而应用型人才的培养需要重点加强实践能力和工程应用能力的训练。本书正是为了配合应用型转型，加强对学生实践能力和工程应用能力的培养而编写的。

编者在编写本书的过程中将机械电子工程专业、机械设计制造及自动化等专业高年级与机电控制相关的课程实验、实训及课程设计进行有机整合，所选择的实训项目贴合生产实际，具有一定的工程背景，能够实现完整的工程训练，达到强化实践能力和工程应用能力的目的。

本书内容新颖，语言通俗易懂，实验、实训项目联系生产和工程实际。本书共分11章，内容包括继电器-接触器的基本控制电路实验，西门子S7-200 PLC和欧姆龙CP1H PLC的软件应用、基础实验、高级应用实验，单片机原理与接口控制实验与实训，机械系统计算机控制技术实验，基于PLC的开关量顺序控制项目实训，基于PLC的位置与速度控制项目实训，机电系统综合创新设计项目实训（涵盖机电系统测控实训、基于HMI和SCADA的PLC控制实训、机器人控制实训）。

本书由陈白宁、关丽荣担任主编。第1、9、10章由陈白宁编写，第2、3、5章由陈白宁、孙胜兵、李丽丽编写，第4章由陈白宁、孙胜兵编写，第6章由岳国盛编写，第7章由关丽荣编写，第8章由孙胜兵、李丽丽编写，第11章由王欣威、王海、王国勋编写。全书由陈白宁统稿。

在编写本书的过程中，编者参考了西门子工业支持中心官方发布的技术文档，在此向相关文档作者表示衷心的感谢。

由于编者水平有限，书中疏漏和不足之处在所难免，敬请读者批评指正。

编　者
2019年3月

目 录

第1章 继电器-接触器控制系统实验 …………………………………………………（1）
　1.1 常用低压电器概述 ……………………………………………………………（1）
　　1.1.1 非自动切换电器 ……………………………………………………………（2）
　　1.1.2 自动切换电器 ………………………………………………………………（3）
　1.2 常见电气控制电路 ……………………………………………………………（6）
　　1.2.1 三相交流异步电动机的启动电路 …………………………………………（6）
　　1.2.2 三相交流异步电动机的正、反转控制电路 ………………………………（8）
　　1.2.3 三相交流异步电动机的制动电路 …………………………………………（9）
　　1.2.4 行程的自动控制电路 ………………………………………………………（11）
　1.3 三相交流异步电动机控制实验 ………………………………………………（12）
　　1.3.1 三相交流异步电动机的启停控制实验 ……………………………………（12）
　　1.3.2 三相交流异步电动机的正/反转控制实验 …………………………………（13）
　　1.3.3 三相交流异步电动机的能耗制动控制实验 ………………………………（14）

第2章 西门子 S7-200 PLC 的软件应用与仿真 ………………………………………（16）
　2.1 西门子 S7-200 PLC 的主要硬件资源 …………………………………………（16）
　2.2 西门子 S7-200 PLC 的外部接线 ………………………………………………（17）
　2.3 STEP 7-Micro/WIN 的基本功能 ………………………………………………（18）
　2.4 STEP 7-Micro/WIN 的使用方法 ………………………………………………（18）
　　2.4.1 程序的编辑与运行 …………………………………………………………（18）
　　2.4.2 符号表 ………………………………………………………………………（22）
　　2.4.3 局部变量表 …………………………………………………………………（24）
　　2.4.4 数据块 ………………………………………………………………………（24）
　　2.4.5 系统块中的断电数据保持 …………………………………………………（25）
　　2.4.6 状态表 ………………………………………………………………………（26）
　2.5 西门子 S7-200 PLC 仿真软件的使用方法 ……………………………………（26）

第3章 西门子 S7-200 PLC 实验 (30)

3.1 西门子 S7-200 PLC 基础实验 (30)
- 3.1.1 交通信号灯控制实验 (30)
- 3.1.2 转盘计数控制实验 (31)
- 3.1.3 液体混合控制实验 (32)
- 3.1.4 送料小车控制实验 (33)
- 3.1.5 冲压机控制实验 (34)

3.2 西门子 S7-200 PLC 高级应用实验 (35)
- 3.2.1 PLC 高速脉冲输出实验 (35)
- 3.2.2 PLC 模拟量控制实验 (37)
- 3.2.3 PLC 与变频器调速系统实验 (41)

第4章 欧姆龙 CP1H PLC 的软件应用与仿真 (48)

4.1 欧姆龙 CP1H PLC 的主要硬件资源 (48)
- 4.1.1 主机的规格 (48)
- 4.1.2 主机的面板和基本功能 (48)
- 4.1.3 CP1H PLC 的其他功能 (51)

4.2 欧姆龙 CP1H PLC 的外部接线 (52)

4.3 CX-Programmer 软件的编程、程序调试与仿真 (56)
- 4.3.1 CX-Programmer 软件的编程 (56)
- 4.3.2 CX-Programmer 的设置 (58)
- 4.3.3 CX-Programmer 程序的调试与监控 (61)
- 4.3.4 CX-Programmer 的仿真方法 (61)

第5章 欧姆龙 CP1H PLC 实验 (62)

5.1 欧姆龙 CP1H PLC 基础实验 (62)
- 5.1.1 基本逻辑指令实验 (62)
- 5.1.2 定时器指令实验 (63)
- 5.1.3 计数器指令实验 (64)
- 5.1.4 微分指令、锁存器指令实验 (66)
- 5.1.5 位移指令实验 (67)
- 5.1.6 特殊功能指令实验 (68)
- 5.1.7 十字路口交通信号灯控制实验 (70)
- 5.1.8 混料罐控制实验 (71)
- 5.1.9 传输线控制实验 (71)
- 5.1.10 小车自动选向、定位控制实验 (72)
- 5.1.11 电梯控制实验 (73)
- 5.1.12 刀具库管理控制实验 (74)

5.2 欧姆龙 CP1H PLC 高级应用实验 (75)
 5.2.1 变频器实验 (75)
 5.2.2 A/D、D/A 实验 (80)
 5.2.3 变频器与编码器控制实验 (81)
 5.2.4 高速计数器应用控制实验 (83)
 5.2.5 运动控制实验 (85)

第6章 单片机实验 (86)

6.1 熟悉开发环境 (86)
 6.1.1 Keil 软件简介 (86)
 6.1.2 Keil 软件使用方法 (90)
 6.1.3 实验程序 (95)

6.2 I/O 口应用实验 (95)
 6.2.1 P1 口使用实验 (96)
 6.2.2 P1 口输入、输出实验 (98)

6.3 键盘及数码管显示应用实验 (100)
 6.3.1 行反转法管理键盘实验 (100)
 6.3.2 扫描法扩展键盘实验 (101)
 6.3.3 数码管显示实验 (103)

6.4 定时器中断应用实验 (105)
 6.4.1 具有中断功能的顺序控制实验 (105)
 6.4.2 循环彩灯定时实验 (106)

6.5 A/D、D/A 应用实验 (108)
 6.5.1 8 位并行 D/A 实验 (108)
 6.5.2 8 位并行 A/D 实验 (110)

第7章 单片机应用系统实训 (112)

7.1 概述 (112)

7.2 单片机应用系统基础实训 (114)
 7.2.1 交通信号灯控制器设计 (114)
 7.2.2 汽车转弯信号灯控制器设计 (116)
 7.2.3 循环彩灯控制电路设计 (118)
 7.2.4 键值识别 (119)
 7.2.5 电子钟设计 (121)
 7.2.6 数据采集（冷却液温度测量） (123)
 7.2.7 波形发生器设计 (125)
 7.2.8 实用信号源设计 (129)

  7.2.9 数字电压表设计…………………………………………………（129）
  7.2.10 直流电动机转速控制…………………………………………（130）
  7.2.11 液晶显示器控制电路设计……………………………………（132）
  7.2.12 三相步进电动机控制电路设计………………………………（134）

第8章 机电系统计算机控制技术实验……………………………………（137）
 8.1 NIC-D 数控实验系统简介……………………………………………（137）
  8.1.1 NIC-D 数控实验系统硬件配置………………………………（137）
  8.1.2 教学型台式数控铣床的安装与连接…………………………（137）
 8.2 实验……………………………………………………………………（138）
  8.2.1 脉冲增量插补实验………………………………………………（138）
  8.2.2 插补实验…………………………………………………………（140）
  8.2.3 电动机控制实验…………………………………………………（141）

第9章 基于 PLC 的开关量顺序控制项目实训………………………（142）
 9.1 卷烟厂风力送丝设备控制系统设计……………………………（142）
 9.2 加热炉自动送料控制系统设计…………………………………（143）
 9.3 仓储机器人搬运控制系统设计…………………………………（144）
 9.4 示教机械手控制系统设计………………………………………（145）
 9.5 超声波清洗机控制系统设计……………………………………（146）
 9.6 半精镗专用机床控制系统设计…………………………………（147）
 9.7 四工位卧式镗铣组合机床控制系统设计………………………（148）
 9.8 内燃机部件定位清洗机控制系统设计…………………………（149）
 9.9 冲压机控制系统设计……………………………………………（151）
 9.10 混凝土配料及搅拌系统设计……………………………………（152）
 9.11 大小球分拣系统设计……………………………………………（153）
 9.12 配料车控制系统设计……………………………………………（154）
 9.13 喷泉控制系统设计………………………………………………（155）
 9.14 自动加工机床换刀控制系统设计………………………………（155）
 9.15 立体停车库的控制系统设计……………………………………（157）
 9.16 电镀自动生产线控制系统设计…………………………………（157）
 9.17 同步传输举升装置控制系统设计………………………………（158）
 9.18 显像管搬运机械手控制系统设计………………………………（159）
 9.19 液体灌装机控制系统设计………………………………………（161）
 9.20 全自动洗衣机的控制设计………………………………………（162）
 9.21 升降电梯的控制系统设计………………………………………（163）

9.22　车道人行道十字路口交通灯控制设计……………………………………（164）
9.23　自动洗车生产线控制设计……………………………………………………（165）
9.24　机械手臂搬运加工控制系统设计……………………………………………（166）
9.25　物业供水系统控制系统设计…………………………………………………（167）
9.26　自动药片装瓶机控制系统设计………………………………………………（169）
9.27　五相十拍步进电动机控制系统设计…………………………………………（170）
9.28　化学反应装置的控制系统设计………………………………………………（170）
9.29　水位控制系统设计……………………………………………………………（171）

第10章　位置与速度控制的机电综合项目实训……………………………………（173）
10.1　数控车床伺服进给系统双轴步进电动机控制系统设计……………………（173）
　　10.1.1　基于S7-200 PLC的控制系统设计……………………………（174）
　　10.1.2　基于CP1H PLC的控制系统设计………………………………（175）
10.2　伺服电动机驱动的数控车床双轴伺服进给系统控制系统设计……………（176）
　　10.2.1　基于S7-200 PLC的控制系统设计……………………………（177）
　　10.2.2　基于CP1H PLC的控制设计……………………………………（178）
10.3　伺服电动机驱动的数控车床双轴伺服进给系统逐点插补控制系统设计…（178）
　　10.3.1　基于S7-200 PLC的控制系统设计……………………………（179）
　　10.3.2　基于CP1H PLC的控制系统设计………………………………（180）
10.4　交流电动机-变频器（模拟量）驱动的数控机床主轴准停控制系统设计…（180）
　　10.4.1　基于S7-200 PLC的控制系统设计……………………………（182）
　　10.4.2　基于CP1H PLC的控制系统设计………………………………（184）
10.5　交流电动机-变频器（开关量）驱动的数控机床主轴准停控制系统设计…（185）
　　10.5.1　基于S7-200 PLC的控制系统设计……………………………（186）
　　10.5.2　基于CP1H PLC的控制系统设计………………………………（186）

第11章　机电系统综合创新实训………………………………………………………（187）
11.1　机电系统测控实训……………………………………………………………（187）
　　11.1.1　实验开发平台简介………………………………………………（187）
　　11.1.2　基础实验训练……………………………………………………（194）
　　11.1.3　智能循迹小车的设计与实现……………………………………（200）
　　11.1.4　机械手的设计与实现……………………………………………（205）
11.2　基于HMI和SCADA的PLC控制实训………………………………………（212）
　　11.2.1　WinCC V7.2与S7-1200 PLC的常规通信……………………（212）
　　11.2.2　组态王与S7-200的连接…………………………………………（216）
　　11.2.3　实训项目…………………………………………………………（221）
　　11.2.4　实训内容及要求…………………………………………………（221）

11.3　机器人控制实训 …………………………………………………（222）
　　　　11.3.1　IRB120机器人简介 ………………………………………（222）
　　　　11.3.2　机器人操作 …………………………………………………（224）
　　　　11.3.3　机器人I/O通信 ……………………………………………（225）
　　　　11.3.4　机器人程序数据 ……………………………………………（227）
　　　　11.3.5　机器人程序的编写 …………………………………………（228）
　　　　11.3.6　实训内容 ……………………………………………………（232）
参考文献 ……………………………………………………………………（238）

第1章

继电器-接触器控制系统实验

用继电器、接触器等分立电气元件组成的控制电路，称为继电器-接触器控制电路。它的主要特点是操作简单、直观形象、抗干扰能力强，并可进行远距离控制。但是，这种控制电路是通过继电器、接触器触点接通或断开的方式对电路进行开环控制的，因此，系统的精度不高。在接通与断开电路时，触点之间会产生电弧，影响继电器、接触器的使用寿命，并且容易烧蚀触点，造成电路故障，影响工作的可靠性。另外，控制电路采用固定接线的方式，没有通用性和灵活性。近年来，电力拖动的自动控制已向无触点、数字控制、微型计算机控制方向发展。但由于继电器-接触器控制系统所用的控制电器结构简单、投资小、能满足一般生产工艺要求，因此在一些比较简单的自动控制系统中仍然应用广泛。

本章将简明扼要地介绍一些常用的低压控制电器的结构、工作原理和应用范围，对电动机的启停、正/反转、制动等基本控制电路进行讨论，给出三相交流异步电动机控制的实验。

1.1 常用低压电器概述

生产机械中所用的控制电器多属于低压电器，它是指在交流额定电压≤1000V、直流额定电压≤1500V的电路中，用来接通或断开电路，以及控制、调节和保护用电设备的电器。

常用的低压电器按动作性质可分为以下两类。

（1）非自动切换电器：这类电器没有动力机构，依靠人力或其他外力来接通或切断电路，如刀开关、转换开关、行程开关等。

（2）自动切换电器：这类电器有电磁铁等动力机构，按照指令、信号或参数变化自动动作，使工作电路接通或切断，如接触器、继电器等。

常用的低压电器按用途可分为以下三类。

（1）控制电器：用来控制电动机的启动、正/反转、调速、制动等动作，如磁力启动器、接触器、继电器等。

（2）保护电器：用来保护电动机，使其安全运行，或保护生产机械，使其不受损坏，如熔断器、电流继电器、热继电器等。

（3）执行电器：用来操纵、带动生产机械，并支承、保持机械装置在固定位置的执行元件，如电磁铁、电磁离合器等。

大多数电器既可用作控制电器，又可用作保护电器，它们之间没有明显的界限。例如，电流继电器既可按"电流"参量来控制电动机，又可用来保护电动机不致过载；又如，行程开关既可用来控制工作台的加、减速及行程长度，又可作为终端开关保护工作台，使其不致闯到导轨外面。

1.1.1 非自动切换电器

1. 刀开关

刀开关又名刀闸，一般用于不需要经常切断与闭合的交、直流低压电路，额定电压下其工作电流不能超过额定值，主要用作电源与用电设备分离的隔离开关。刀开关的文字符号为QS。

一般刀开关的结构如图1.1（a）所示。转动手柄后，刀极即与刀夹座相接，从而接通电路。

刀开关触点分断速度慢、灭弧困难，因此仅用于切断小电流电路。若用刀开关切断较大电流的电路（特别是切断直流电路），为了使电弧迅速熄灭以保护开关，可采用带有快速断弧刀片的刀开关。

刀开关可分为单极刀开关、双极刀开关和三极刀开关，其图形符号如图1.1（b）所示。常用三极刀开关的长期允许通过电流有100A、200A、400A、600A和1 000A五种。目前，刀开关产品有HD（单投）和HS（双投）等系列型号。

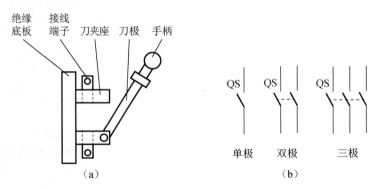

图 1.1 刀开关
（a）结构示意图；（b）图形符号

在选用刀开关时应根据工作电流和电压来选择合适的型号。

2. 转换开关

转换开关又称组合开关，它有许多对动、静触片，中间以绝缘材料隔开，装在胶木盒里，故又称盒式转换开关。转换开关的常用型号有HZ5、HZ10系列。图1.2所示为转换开关的结构和接线示意图。动触片装在转轴上，转动转换手柄时，一部分动触片插入相应的静触片中，与对应的线路接通，而另一部分动触片与对应的线路断开，当然也可使全部动、静触片同时接通或断开。因此，转换开关可接通或断开相应的电路。

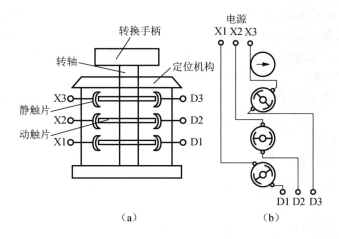

图 1.2 转换开关的结构和接线示意图

(a)结构示意图；(b)接线示意图

3．按钮

按钮是一种专门用来接通或断开控制回路的电器，如图 1.3 所示。它包括一对动合触点（又称常开触点）和一对联动的动断触点（又称常闭触点）。按钮的文字符号为 SB。

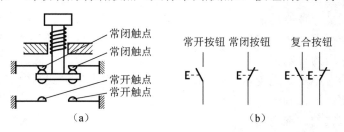

图 1.3 按钮

(a)结构示意图；(b)图形符号

按钮在被按下之前的状态称为原位状态，此时，常开和常闭触点的状态如图 1.3（a）所示；按钮在被按下时所处的状态为动作状态，此时，常闭触点断开，常开触点闭合。

常用的按钮有 LA18、LA19、LA20、LAY3 等型号。按钮的额定电流一般为 5A，用在 500V 以下的电路中。

1.1.2 自动切换电器

1．接触器

接触器是一种常用的自动切换电器，它是利用电磁吸力使触点闭合或断开的电器。接触器根据外部信号（如按钮或其他电器触点的闭合或断开）来接通或断开带负载的电路，适用于远距离接通和断开的交、直流电路及大容量控制电路。接触器的文字符号为 KM。其主要控制对象是电动机及其他电力负载。

根据主触点所接回路的电流种类不同，接触器可分为交流接触器和直流接触器两大类。交流接触器用于通断交流负载，直流接触器用于通断直流负载。

从结构上讲，接触器都是由电磁机构、触点系统和灭弧装置三部分组成的。当电磁铁的线圈通电后，产生磁通，电磁吸力克服弹簧阻力，吸引动铁心使磁路闭合，动铁心运动时通过机械机构将常开触点闭合，而原来闭合的触点（即常闭触头）打开，从而接通外电路。当电磁铁线圈断电时，电磁吸力消失，依靠弹簧作用释放动铁心，使触点恢复到通电前的状态（即常闭触点闭合、常开触点断开）。接触器的图形符号如图1.4所示。

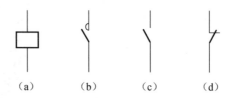

图1.4 接触器的图形符号

(a) 线圈；(b) 主触点；(c) 辅助常开触点；(d) 辅助常闭触点

根据用途不同，接触器的触点分为主触点和辅助触点两种。主触点的接触面积大，能通过较大的电流，并有灭弧装置，接在电动机的主电路中；辅助触点只能通过较小的电流（一般不超过5A），通常接在电动机的控制电路中。

2. 继电器

继电器实质上是一种传递信号的电器，它可根据输入的信号达到不同的控制目的。

继电器的种类很多，按反映信号的种类不同可分为电流继电器、电压继电器、速度继电器、时间继电器、压力继电器、热继电器等；按作用原理可分为电磁式继电器、感应式继电器、电动式继电器、电子式继电器和机械式继电器等。由于电磁式继电器具有工作可靠、结构简单、制造方便、寿命长等一系列优点，因此其在机电传动系统中应用较为广泛，90%以上的继电器是电磁式的。继电器一般用来接通和断开控制电路，故电流容量、触点、体积都很小，只有当电动机的功率很小时，才可用某些中间继电器来直接接通或断开电动机的主电路。电磁式继电器有直流和交流之分，它们的主要结构和工作原理与接触器基本相同。常用的电磁式继电器有很多种，下面仅对中间继电器、热继电器、时间继电器和速度继电器进行介绍。

1) 中间继电器

中间继电器本质上是电压继电器，但具有触点多（多至6对或更多）、触点能承受的电流较大（额定电流5~10A）、动作灵敏（动作时间小于0.05s）等特点。它的用途有两个：一是用于传递信号，当接触器线圈的额定电流超过电压继电器或电流继电器触点所允许通过的电流时，可用中间继电器作为中间放大器来控制接触器；二是用于同时控制多条电路。选用中间继电器时，主要依据是控制电路所需触点的多少和电源电压等级。

2) 热继电器

热继电器是根据控制对象的温度变化来进行控制的继电器，即利用电流的热效应而动作的电器，如图1.5所示。热继电器的文字符号为FR。它主要用来对电动机进行过载保护。电动机工作时，是不允许温升超过额定温升的，否则会缩短电动机的使用寿命。熔断器和过电流继电器只能保护电动机工作电流不超过允许最大电流，不能反映电动机的发热状况，而电动机是允许短时过载的，但长期过载时电动机会发热，因此，必须采用热继电器进行保护。

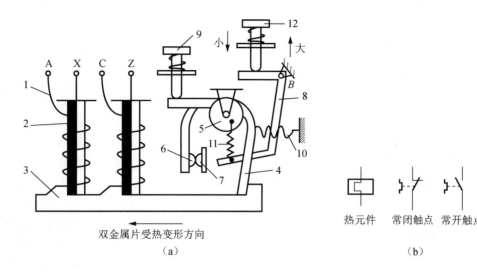

图 1.5 热继电器原理结构示意

（a）结构示意；（b）图形符号

1—热元件；2—双金属片；3—绝缘杆；4—感温元件；5—凸轮支件；6—动触点；7—静触点；8—杠杆；
9—手动复位按钮；10、11—弹簧；12—调节旋钮

热继电器动作原理如下：当电动机过载时，通过热元件 1 使双金属片 2 向左膨胀，推动绝缘杆 3，绝缘杆 3 带动感温元件 4 向左转动，使感温元件 4 脱离凸轮支件 5，凸轮支件 5 在弹簧 11 的作用下绕支点 B 顺时针旋转，从而使动触点 6 与静触点 7 断开，电动机得到保护。

用热继电器保护三相异步电动机时，至少要用两个热元件的热继电器，从而在正常的工作状态下，也可对电动机进行过载保护。例如，电动机单相运行时，至少有一个热元件能起作用。当然，最好采用有三个热元件，且带断相保护的热继电器。

3）时间继电器

在某些生产机械中，运动部件要在给出信号一定时间后才能开始运动，这就产生了根据时间的自动控制方法，同时也出现了反映时间长短的时间继电器。它是一种在输入信号经过一定时间间隔后才能控制电流流通的自动控制电器。

目前，用得最多的是利用阻尼（如空气阻尼或磁阻尼等）、电子和机械的原理制成的时间继电器。时间继电器可实现从 0.05s 到几十小时的延时。

时间继电器的线圈通电后，动铁心被吸下，胶木块支承杆间形成一个空隙。胶木块在弹簧作用下向下移动，通过连杆带动活塞运动。活塞表面敷有橡胶膜，因此当活塞向下运动时，就在气室上层产生稀薄的空气层，活塞受其下层气体的压力而不能迅速下降。室外空气经由进气孔、调节螺钉逐渐进入气室，活塞逐渐下移，移动至最后位置时，挡块撞击微动开关，使其触点动作，输出信号。延时、时间为自电磁铁线圈通电时刻起至微动开关触点动作时为止的一段时间。通过调节螺钉调节进气孔气隙的大小，就可以调节延时时间。

电磁铁线圈失电后，触点依靠恢复弹簧复原，气室空气经出气孔迅速排出。

以上介绍的是通电延时型时间继电器，即线圈通电后触点延时动作，断电后触点瞬时复位的时间继电器。还有一种断电延时型时间继电器，它在线圈断电后触点瞬时动作，通电后触点延时复位。时间继电器的图形符号如图 1.6 所示，时间继电器的文字符号为 KT。

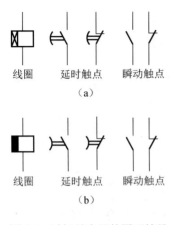

图 1.6 时间继电器的图形符号
(a) 通电延时型；(b) 断电延时型

4) 速度继电器

为了准确地控制电动机的启动和停止，有时需要直接测量速度信号，再用这个信号进行控制。这就出现了速度继电器，其结构如图 1.7（a）所示。速度继电器的文字符号为 KS，其图形符号如图 1.7（b）所示。速度继电器的转轴和需控制速度的电动机轴相连，在转轴上装有一块永久磁铁，外面有一个可以转动一定角度的外环（即转子）。定子内部装有与笼型异步电动机转子绕组类似的绕组，故速度继电器的工作原理与笼型异步电动机相同。转轴转动时带动永久磁铁一起转动，形成一个旋转磁场，在绕组中感应出电动势和电流，使定子有和转子一起转动的趋势，于是固定在定子上的摆锤触动弹簧片，使触点系统动作（视转轴的旋转方向而定）。当转轴接近停止时，弹簧片使动触点恢复原来的位置，与两个靠外侧的静触点分开，而与靠内侧的静触点接触。

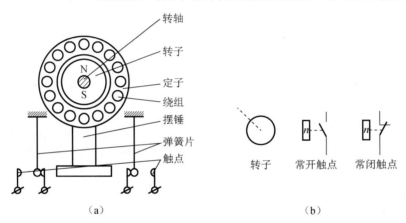

图 1.7 速度继电器
(a) 结构示意；(b) 图形符号

一般速度继电器在转速小于 100 r/min 时，触点恢复到原始状态。调整弹簧片的拉力可以改变触点恢复原位时的转速，以达到准确制动的目的。

速度继电器的结构较为简单、价格低廉，但它只能反映转动的方向和是否停转，或者说只能反映一种速度（是转还是不转）。所以，它仅用在异步电动机的反接制动中。

1.2 常见电气控制电路

1.2.1 三相交流异步电动机的启动电路

三相交流异步电动机有直接启动和降压启动两种启动方式。

1. 直接启动控制电路

（1）对于小型台钻、冷却泵、砂轮机等，可用开关直接启动。

（2）对于小容量笼型异步电动机，可采用接触器直接启动，如图 1.8 所示。

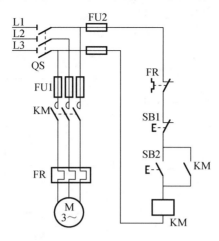

图 1.8　接触器直接启动控制电路

在图 1.8 所示控制电路中，SB1 为停止按钮，SB2 为启动按钮。按下 SB2，接触器 KM 线圈得电，其主触点闭合，使电动机直接启动。同时，其辅助常开触点闭合，使 KM 线圈保持得电状态，此种连接方法又称自锁。按下 SB1 时，KM 线圈断电，其主触点断开，切断电动机电源，并解除自锁，电动机停止转动。热继电器 FR 用作过载保护，熔断器 FU1、FU2 用作短路保护。同时，该电路还具有零压和欠电压保护功能，即当电源电压切断（零压）或降低至不足以使接触器触点吸合（欠电压）时，接触器线圈断电，触点复位，电动机停止转动。随后，若恢复供电或电源电压值恢复至额定值，电动机不能自行启动，需重新按下启动按钮。

2. 降压启动控制电路

对于较大容量的三相交流异步电动机，一般采用降压启动的方式。

一般有两种降压启动方法：对于正常为△连接的电动机，通常采用丫-△降压启动；而对于正常为丫连接的电动机，常采用定子串电阻降压启动。两种方法的控制电路均要使用时间继电器进行状态的转换。

1）丫-△降压启动控制电路

图 1.9 所示为丫-△降压启动控制电路。按下启动按钮 SB2，时间继电器 KT 和接触器 KM3 线圈得电，KM3 常开触点闭合，常闭触点断开，使 KM1 线圈得电，KM2 不能得电，电动机丫降压启动。KT 经过延时，其延时常闭触点断开，从而使 KM3 线圈失电，KM2 线圈得电，此时，电动机△正常运转。同时 KM2 的常闭触点断开，使时间继电器断电，避免其长期通电，延长使用寿命。

2）定子串电阻降压启动控制电路

图 1.10 所示为定子串电阻降压启动控制电路。按下启动按钮 SB2 后，KM1 首先得电并自锁，同时使时间继电器 KT 得电，定子串电阻 R 启动。KT 经延时后，其常开触点闭合，使 KM2 得电并自锁，KM2 常闭触点断开，又使 KT 和 KM1 失电。电动机的定子绕组将电阻短接而正常运行。

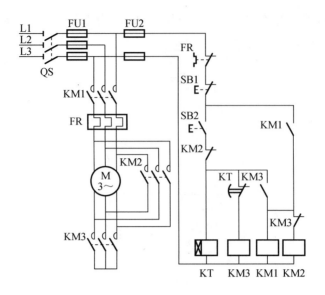

图 1.9 Y-△降压启动控制电路

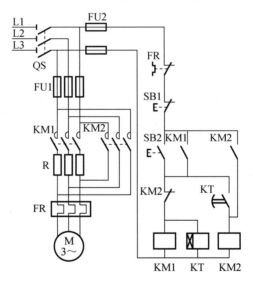

图 1.10 定子串电阻降压启动控制电路

1.2.2 三相交流异步电动机的正、反转控制电路

在生产上经常要求运动部件作正、反两个方向的运动。例如，机床工作台的前进与后退、主轴的正转与反转、起重机的提升与下降等，都是通过电动机的正、反转来实现的。为了使电动机能够正、反转，应使接到电动机定子绕组上的三根电源线中的任意两根可以对调，控制中采用两个接触器分别控制。

在图 1.11（a）中，按下正向启动按钮 SB2，KM1 线圈得电，其主触点闭合，电动机正向启动，同时串接在 KM2 线圈回路中的 KM1 的常闭触点断开，保证在 KM1 线圈得电的前提下，KM2 线圈不可能得电，以避免电动机短路，反之亦然。此种连接方法称为互锁。当要求电动机反转时,需先按下停止按钮 SB1,使 KM1 失电,再按反向启动按钮 SB3,使 KM2 线圈得电,其主触点闭合,三相电源的两相对调,使电动机反转。

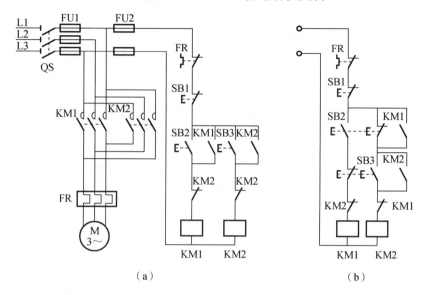

图 1.11 电动机正、反转控制电路

(a) 控制电路;(b) 采用复合按钮电路

图 1.11(b)所示电路采用复合按钮。当电动机由正转到反转或由反转到正转时,可直接按下正转按钮 SB2 或反转按钮 SB3,并能保证两接触器 KM1 和 KM2 不能同时得电。

1.2.3 三相交流异步电动机的制动电路

三相交流异步电动机从切除电源到停转要有一个过程,需要一段时间,对于要求停车时能精确定位或尽可能减少辅助时间的生产机械,必须采取制动措施。制动的方式有两大类,即机械制动和电气制动。机械制动是用电磁铁操纵机械装置进行制动的,如电磁抱闸制动、电磁离合器制动等;电气制动是使电动机产生一个与原来转动方向相反的力矩来实现制动的。常用的电气制动方式有反接制动和能耗制动。其中,反接制动是由速度继电器来完成的。

1. 反接制动控制电路

反接制动利用三相交流异步电动机定子绕组中三相电源任意两相相序的改变,产生反向旋转磁场,从而产生制动转矩而实现制动。

图 1.12 所示为反接制动控制电路。按下 SB2 后,KM1 得电并自锁,使电动机转动。由于速度继电器与电动机同轴连接,当电动机达到速度继电器的动作速度时,速度继电器的常开触点闭合,为接通 KM2 做好准备。当按下停止按钮 SB1 时,KM1 失电,电动机定子绕组与电源断开,但由于惯性仍继续按原方向转动。同时,KM1 的常闭触点复位使 KM2 得电自锁,电动机的两相电源相序对调,产生与转子旋转方向相反的制动转矩,使电动机转速迅速降低。当转子速度低于 100 r/min 时,速度继电器的触点复位,KM2 失电,电动机与电源断开。

由于反接制动时,电动机制动电流很大,因此在大容量电动机的反接制动过程中需要串入电阻 R,以限制制动电流。

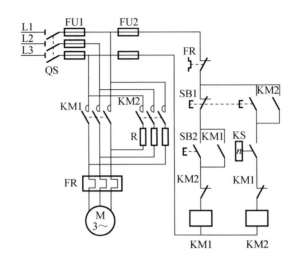

图 1.12　反接制动控制电路

2. 能耗制动控制电路

能耗制动的原理是三相交流异步电动机在切断三相电源的同时，将定子绕组的任意两相接入直流电源，形成固定磁场，转子由于惯性作用而继续旋转，切割磁力线，产生反向力矩，迫使电动机转子制动。当转速接近 0 时，切断直流电源。

图 1.13（a）所示为采用复合按钮手动操作的能耗制动控制电路。在主电路中，交流电经控制变压器降压后，再经桥式整流而变成直流电。按下 SB2，KM1 得电，电动机启动正常运转；按下 SB1，KM1 断电，切断了电动机的三相电源，与此同时，KM2 得电，为电动机三相定子绕组中的两相通入直流电，产生制动转矩，使电动机转速迅速下降，当接近 0 时，松开 SB1，能耗制动结束。

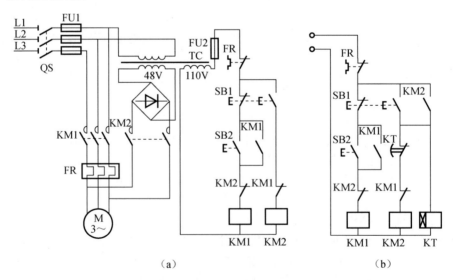

图 1.13　能耗制动控制电路
（a）手动方式；（b）自动方式

为了实现自动控制，可在图 1.13（a）所示电路的基础上，增加通电延时型时间继电器，如图 1.13（b）所示。当按下 SB1 时，KM1 失电，同时接通 KM2 和时间继电器 KT。经过一定的延时后，KT 触点延时断开，自动切断 KM2，结束制动过程。

两种制动方法的特点：反接制动方法制动迅速，但冲击较大；能耗制动方法制动平稳、准确、噪声小。

1.2.4 行程的自动控制电路

生产机械的工作部件往往要做各种移动或转动，对运动部件的位置或行程进行的自动控制称为行程的自动控制。为了实现这种控制，在电路中要使用行程开关。通常把放在终端位置用来限制生产机械极限行程的行程开关称为极限开关。行程开关用来实现行程和往复运动的控制。例如，车间内的吊车通常安装有极限控制装置，当吊车运行到终点时，它就能自动停止运动。在许多机床上也需要对其往复运动进行控制，如龙门刨床、铣床工作台等的往复运动控制。

图 1.14 所示为自动往复循环运动控制电路。当生产机械的运动部件向左运动到位后，行程开关 SQ1 工作，其常闭触点断开，KM1 失电，正转电源被切断。同时 SQ1 常开触点闭合，KM2 得电，接通反转电源，工作台向右运动。在这里，SQ1 和 SQ2 称为换向行程开关，SQ3 和 SQ4 称为限位保护行程开关。

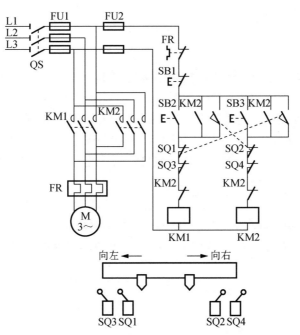

图 1.14 自动往复循环运动控制电路

1.3 三相交流异步电动机控制实验

三相交流异步电动机控制实验实验包括三相交流异步电动机的启停、正/反转和能耗制动等实验内容。这部分内容是后续学习可编程序控制器（programmable logic controller，PLC）的基础，相关的逻辑关系和接线技术应通过这部分实验得到掌握和训练。同时学生应通过本实验认识和掌握常用电气元件及其工作原理。

继电器-接触器逻辑控制模块主要由断路器、接触器、热继电器、时间继电器、按钮、三相交流异步电动机、变压器、整流桥及实验接插件、接线端子排等组成。

1.3.1 三相交流异步电动机的启停控制实验

1. 实验目的

（1）掌握三相异步电动机启停的控制原理。
（2）掌握用交流接触器辅助触点实现自锁的方法。

2. 实验设备

继电器-接触器实验模块。

3. 实验原理

三相交流异步电动机的启停控制实验电路如图 1.15 所示。当 SB2 两端不并接 KM 常开触点时，按下 SB2，KM 线圈得电，KM 主触点闭合，电动机启动；松开 SB2，KM 线圈失电，KM 主触点断开，电动机失电自由停车。当 SB2 两端并接 KM 常开触点时（如图 1.15 中虚线所示），按下 SB2，KM 线圈得电，KM 辅助常开触点闭合，此时 KM 线圈的得电状态与 SB2 的状态无关，即起到自锁作用。按下 SB1，KM 线圈失电，电动机自由停车。

4. 实验步骤

（1）按图 1.15 接线，注意区别接触器的主触点与辅助触点、辅助常开触点与辅助常闭触点。
（2）经指导教师检查无误后，接通电源，观察电动机在按下 SB2、松开 SB2 及按下 SB1 时的运转情况。

5. 思考

（1）电动机运转后，自锁是怎样实现的？
（2）在使用交流接触器时，能否以辅助触点代替主触点使用？为什么？

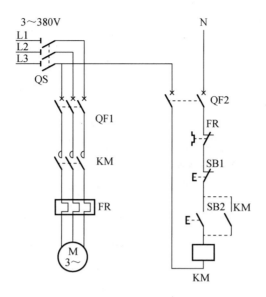

图 1.15 三相交流异步电动机的启停控制实验电路

1.3.2 三相交流异步电动机的正/反转控制实验

1. 实验目的

（1）掌握三相交流异步电动机正/反转控制及控制电路实现互锁的方法。
（2）加深对实验设备上各元件结构及功能的了解。

2. 实验设备

继电器-接触器实验模块。

3. 实验原理

三相交流异步电动机的正/反转控制实验电路如图 1.16 所示。

4. 实验步骤

（1）按照图 1.16 接线，经指导教师检查无误后接通电源。
（2）按下 SB2，观察电动机的转向，再按下 SB3，观察电动机的转向。

5. 思考

（1）电动机的正/反转如何实现互锁？
（2）本实验给出的电路为正转—停止—反转控制实验电路，即由正转到反转必须经过停止。能否设计一个正转—反转—停止的控制电路，即正转时，按反转按钮可直接反转，反之亦然？

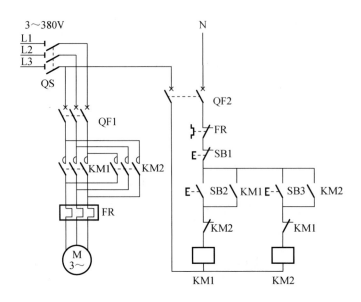

图 1.16 三相交流异步电动机的正/反转控制实验电路

1.3.3 三相交流异步电动机的能耗制动控制实验

1. 实验目的

(1) 了解三相交流异步电动机的能耗制动原理。
(2) 进一步巩固根据电气原理图进行实验电路连接的技能。

2. 实验设备

继电器-接触器实验模块。

3. 实验原理

三相交流异步电动机的能耗制动控制实验电路如图 1.17 所示。能耗制动的原理在 1.2.3 节中已经进行了介绍，这里不再赘述。

4. 实验步骤

(1) 按图 1.17 接线，经检查无误后接通电源。
(2) 按下启动按钮 SB2，使电动机运转，再按下 SB1，观察电动机的制动情况。
(3) 改变时间继电器的延迟时间，重复步骤（2）。

5. 思考

(1) 说明电气原理图中时间继电器的作用。
(2) 若不使用时间继电器是否可实现能耗制动控制？

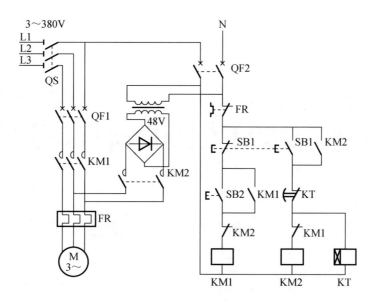

图 1.17 三相交流异步电动机的能耗制动控制实验电路

第 2 章

西门子 S7-200 PLC 的软件应用与仿真

2.1 西门子 S7-200 PLC 的主要硬件资源

PLC 的选择、输入/输出（I/O）模块和系统的配置取决于工艺要求和具体的工作环境。

1. PLC 的接口模块

接口模块负责把外部设备的信息转换成中央处理单元（central processing unit，CPU）能够接收的信号，同时把 CPU 发送到外部设备的信号转换成能够驱动外部设备的电平。接口模块不仅能起到转换电平的作用，还可以起到使外部设备的电信号与 CPU 隔离的作用，同时也可以起到抗干扰和滤波等作用。

接口模块包括数字量 I/O 模块、模拟量 I/O 模块、功能模块 [含高速计数器模块、比例-积分-微分（proportional plus integral Plus derivative，PID）控制模块、扩展接口模块、通信接口模块等]。

2. PLC 的配置

PLC 的配置可分为三种：基本配置、近程扩展配置和远程扩展配置。

1）PLC 的基本配置

整体式 PLC 的基本配置由基本单元构成。电源、CPU、存储器、I/O 系统都集成在一个单元内，该单元称为基本单元。一个基本单元就是一台完整的 PLC。当基本单元的控制点数不符合需要时，可再接扩展单元。整体式 PLC 的特点是非常紧凑、体积小、成本低、安装方便，这类 PLC 的编址一般在基本单元上已给出。

组合式结构是把 PLC 系统的各个组成部分按功能分成若干模块，如 CPU 模块、输入模块、输出模块、电源模块等。其中，各模块功能比较单一，模块的种类却日趋丰富。例如，一些 PLC 除了基本的 I/O 模块外，还有一些特殊功能模块，如温度检测模块、位置检测模块、PID 控制模块、通信模块等。组合式 PLC 的特点是 CPU、输入、输出均为独立的模块，模块尺寸统一、安装整齐，I/O 点选型自由，安装调试、扩展、维修方便。

叠装式 PLC 集整体式 PLC 的紧凑、体积小、安装方便和组合式 PLC 的 I/O 点搭配灵活、安装整齐的优点于一体，它也是由各个单元组合构成的。其特点是 CPU 自成独立的基本单元（由 CPU 和一定的 I/O 点组成），其他 I/O 模块为扩展单元；在安装时不用基板，仅用电缆进行单元间的连接，各个单元可以一个一个地叠装，使系统配置灵活、体积小巧。

2）PLC 的近程扩展配置

整体式 PLC 的近程扩展配置由一个基本单元和多个扩展单元构成。如果控制点数不符合需要，可再接一个或多个扩展单元，直到满足要求为止。这类 PLC 的编址一般在基本单元上已给出，其扩展单元编址的通道号（有的 PLC 为字节号）与基本单元连续。

组合式 PLC 的近程扩展配置可以由主机（基本单元）和一台或多台扩展机组成。主机下面依次为 1 号扩展机、2 号扩展机等。

叠装式 PLC 的近程扩展配置编址一般在基本单元上已给出，其扩展单元编址的通道号（有的 PLC 为字节号）与基本单元连续。

3）PLC 的远程扩展配置

当有部分现场信号相对集中，而又与其他现场信号相距较远时，可采用远程扩展方式。远程扩展机主要用于扩大控制距离。I/O 模块和部分功能模块可在远程扩展机上使用。在远程方式下，远程 I/O 模块作为远程主站可安装在主机及其近程扩展机上，远程扩展机作为远程从站安装在现场。

2.2 西门子 S7-200 PLC 的外部接线

西门子 S7-200 PLC 的 CPU 包括 CPU221、CPU222、CPU224、CPU224XP、CPU226 等。下面以 CPU224XP 为例介绍 S7-200 PLC 的外部接线。

CPU224XP 包括 14 个输入（I0.0～I0.7、I1.0～I1.5）和 10 个输出（Q0.0～Q0.7、Q1.0～Q1.1），同时包含内置 AD/DA（4 路 AD、2 路 DA）。CPU224XP 的接线端子如图 2.1 所示。

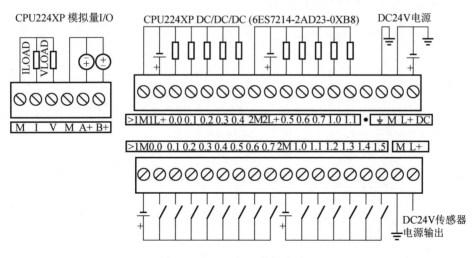

图 2.1 CPU224XP 的接线端子

其中，Q0.0 和 Q0.1 既可以作为普通输出，又可以作为高速脉冲输出。S7-200 PLC 可以分组输出，每一组有一个公共端，组内的输出共用一个电源，不同组的输出电源等级可以不同。对于继电器输出的 PLC，不同组的电源类型也可以不同。CPU224XP 的输出有两个公共端，可以分两组。

在 S7-200 PLC 的输入端，开关量的公共端要通过 DC24V 电源与 PLC 的公共端连接。

2.3　STEP 7-Micro/WIN 的基本功能

STEP 7-Micro/WIN V4.0 是 S7-200 PLC 系列产品的编程软件，包括以下升级功能：PID 自整定控制面板、超级项目树形结构、状态趋势图、PLC 历史记录和事件缓存区、项目文件的口令保护、存储卡支持、TD200 和 TD200C 支持、PLC 内置位置控制向导、数据归档向导、配方向导、PTO 指令向导、诊断 LED 组态、数据块页、新的字符串和变量。STEP 7-Micro/WIN V4.0 的兼容性极强，支持当前所有 S7-200 CPU22×系列产品，增加了数据记录指令、配方指令、PID 自整定指令、夏令时指令、间隔定时器指令、诊断 LED（DIAG-LED）指令、线性斜坡脉冲指令等。

2.4　STEP 7-Micro/WIN 的使用方法

2.4.1　程序的编辑与运行

1. 打开 STEP 7-Micro/WIN

双击 STEP 7-Micro/WIN 程序图标，打开一个新的项目，如图 2.2 所示。可以用操作栏中的图标，打开 STEP 7-Micro/WIN 项目中的组件。

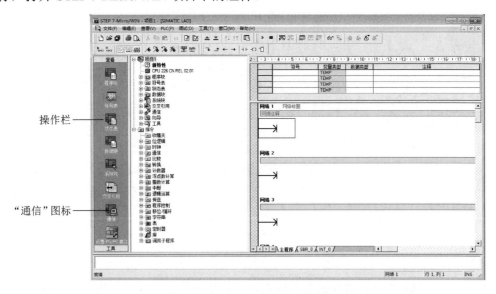

图 2.2　创建新的 STEP 7-Micro/WIN 项目

例如，双击"通信"图标，弹出"通信"对话框。这个对话框可以用来为 STEP 7-Micro/WIN

设置通信参数。

2. 为 STEP 7-Micro/WIN 设置通信参数

在"通信"对话框中设置通信参数，如图 2.3 所示。

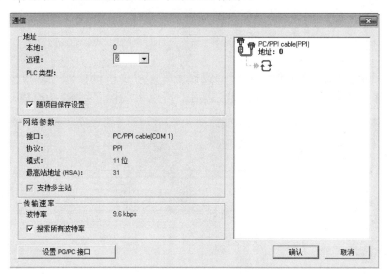

图 2.3　设置通信参数

（1）PC/PPI 电缆的通信地址设为 0。
（2）接口使用 COM 1。
（3）传输速率为波特率 9.6kbps。

3. 与 S7-200 建立通信

用"通信"对话框与 S7-200 建立通信，如图 2.4 所示。

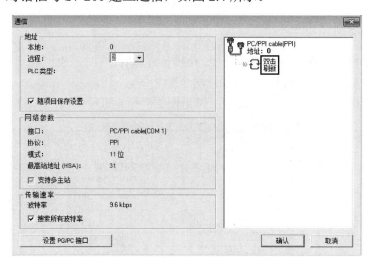

图 2.4　与 S7-200 建立通信

（1）在"通信"对话框中双击"刷新"图标，STEP 7-Micro/WIN 搜寻并显示所连接的 S7-200 站的 CPU 图标。

（2）选择 S7-200 站并单击"确认"按钮。如果 STEP 7-Micro/WIN 未能找到 S7-200 CPU，应核对通信参数设置。

在与 S7-200 建立通信之后，可以准备创建和下载程序。

4. 创建一个程序

打开程序编辑器，如图 2.5 所示。在创建程序时，可以用拖动的方式将指令树中的梯形图指令插入程序编辑器。在输入和保存程序之后，可以下载程序到 S7-200 PLC 中。

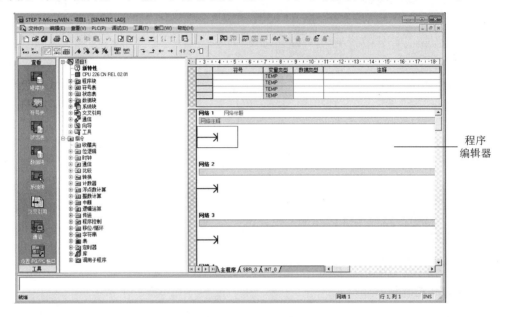

图 2.5　程序编辑器

5. 存储项目

在输入完程序段后，就完成了整个程序的编制。存储程序时，也创建了一个包括 S7-200 CPU 类型及其他参数在内的项目。存储项目的步骤如下。

（1）选择"文件"→"另存为"命令，弹出图 2.6 所示的对话框。

图 2.6　存储项目

(2)在"另存为"对话框中输入项目名。

(3)单击"保存"按钮,存储项目。

6. 下载程序

每一个 STEP 7-Micro/WIN 项目都会有一个 CPU 类型(CPU221、CPU222、CPU224、CPU226 或 CPU226XM)。如果选择的 CPU 类型与实际连接的 CPU 类型不匹配,则 STEP 7-Micro/WIN 会给出选择提示。

(1)单击"下载"图标,或选择"文件"→"下载"命令,弹出"下载"对话框,如图 2.7 所示。

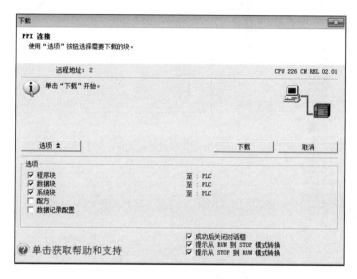

图 2.7 "下载"对话框

(2)选择要下载的程序,单击"下载"按钮,下载程序到 S7-200 PLC。如果此时 S7-200 PLC 处于运行模式,将弹出一个提示框,提示 CPU 将进入停止模式。单击"是"按钮,S7-200 PLC 将转入停止模式。

7. 将 S7-200 PLC 转入运行模式

如果想通过 STEP 7-Micro/WIN 软件将 S7-200 PLC 转入运行模式,则 S7-200 PLC 的模式开关必须设置为 TERM 或 RUN。当 S7-200 PLC 转入运行模式后,程序开始运行。

(1)单击"运行"图标,或选择"PLC"→"运行"命令。

(2)在弹出的提示框中单击"是"按钮,切换模式。

当 S7-200 PLC 转入运行模式后,CPU 将执行程序。可以通过选择"调试"→"开始程序状态监控"命令来监控程序。也可以单击"STOP"图标或选择"PLC"→"STOP"命令来停止程序的运行。

8. 程序的下载与监控

程序编写完成后,可以通过单击"编译"按钮 ☑ 检查程序是否有语法错误。若检查无误,则可以下载程序到PLC，进行联机调试。单击"监控"按钮，可以在计算机编程界面监控程序的运行状态。

2.4.2 符号表

使用符号表主要是为了使程序清晰易读。可以为地址或数值指定符号，在符号表建立符号和绝对地址或常数值的关联。其意义和单片机程序设计中的定义端口类似，都是使某一物理地址或常数有意义，以方便使用，也便于阅读与理解程序。可以选择"符号表"→"用户定义"命令，建立符号表。图2.8所示为建立的用户定义符号表。

注意：一定要先建立符号表，再编写梯形图，这样，梯形图中的变量对应的名称就可以显示出来，避免在编程时出现重线圈。

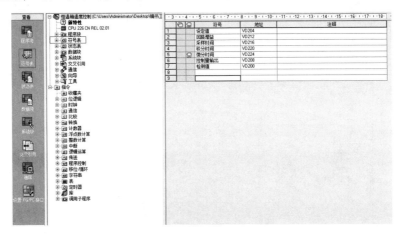

图2.8 建立的用户定义符号表

符号表中图标用来显示符号所表示的存储区地址部分或全部相同的符号行。

注意：重叠并不意味着错误，如图2.9中的VD500与VB500显示重叠，是因为它们的地址空间有一部分是相同的，VD500的存储空间包括VB500和VB501。

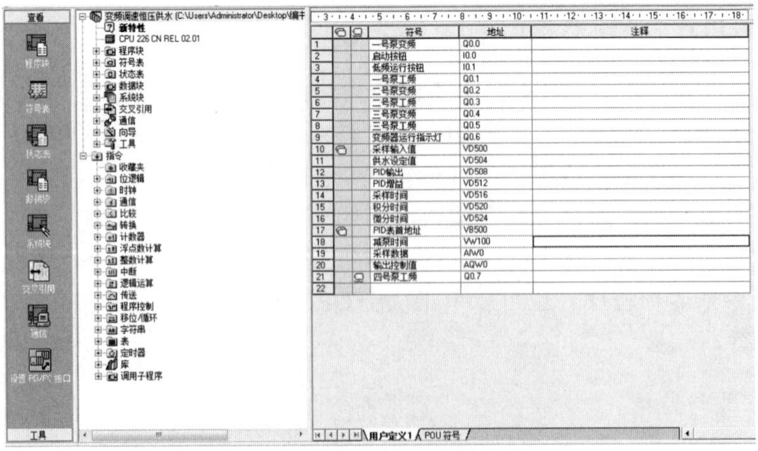

图2.9 符号表的存储区地址重叠

符号表中 图标用来显示在程序中定义却未被引用的所有符号。就像程序设计中定义了一个变量却没用到，编译器会给出一个警告一样，这里 STEP 7-Micro/WIN 会用一个绿色波浪线指出。

在编写程序时，当输入符号名称时，系统有自动补全功能，以方便输入。默认情况下，符号表中会显示符号和地址。通过选择"工具"→"选项"命令，弹出"选项"对话框，选择"程序编辑器"选项卡，在"符号寻址"下拉列表中可切换为只显示符号。通过选择"查看"→"符号寻址"命令，可切换为只显示地址。图 2.10 为带符号表的梯形图。

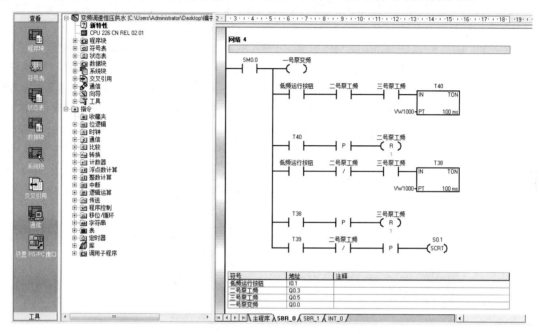

图 2.10　带符号表的梯形图

系统预定义了一个符号表，可以通过在"符号表"上右击，在弹出的快捷菜单中选择"插入"→"S7-200 符号表"命令进行查看，如图 2.11 所示。预定义系统符号表提供了对常用 PLC 系统功能的访问。

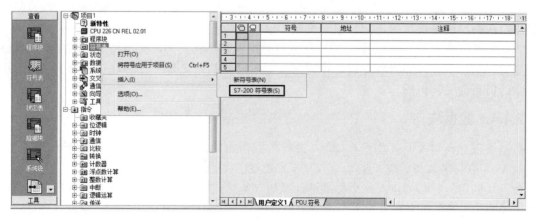

图 2.11　打开预定义符号表

2.4.3 局部变量表

局部变量一般用于子程序和中断子程序中，使子程序具有可移植性。局部变量表与符号表的区别在于，符号表定义的是全局变量，而局部变量表定义的是局部变量，其作用范围仅限于建立该变量的程序块。局部变量用于以下两种情况：

（1）希望建立不引用绝对地址或全局符号的可移动子程序。

（2）希望使用临时变量（说明为 TEMP 的局部变量）进行计算，以便释放 PLC 内存。

程序中的每个程序块都有自己的局部变量表，配备 64 字节的 L（局部存储区）内存。如果在主程序或中断例行程序中赋值，局部变量表只包含 TEMP 变量。如果在子程序中赋值，局部变量表包含 IN、IN_OUT、OUT 和 TEMP 变量。在局部变量表中赋值时，应指定变量类型（TEMP、IN、IN_OUT 或 OUT）和数据类型，但不指定内存地址；程序编辑器自动在 L 内存区中为所有的局部变量指定内存位置。将局部变量作为子程序参数传递时，在该子程序局部变量表中指定的数据类型必须与调用程序块中数值的数据类型相匹配。图 2.12 所示为建立的局部变量表。

	符号	变量类型	数据类型	注释
	EN	IN	BOOL	
L0.0	Mode	IN	BOOL	1 = Modbus, 0 = PPI（终止 Modbus）
LD1	Baud	IN	DWORD	1200, 2400 … 115200
LB5	Parity	IN	BYTE	0 = 无，1 = 奇校验，2 = 偶校验
LW6	Timeout	IN	INT	以毫秒表示的从站响应超时
		IN		
		IN_OUT		
L8.0	Done	OUT	BOOL	完成标记（始终设置）
LB9	Error	OUT	BYTE	错误状态
		OUT		
LD10	AC0save	TEMP	DWORD	
LD14	AC1save	TEMP	DWORD	
LD18	AC2save	TEMP	DWORD	
LD22	AC3save	TEMP	DWORD	

图 2.12 建立的局部变量表

变量类型有以下几种。

IN：调用程序组织单元（programming organization unit，POU）提供的输入参数。

OUT：返回调用 POU 的输出参数。

IN_OUT：数值调用 POU 提供的参数，由子程序修改，然后返回调用程序块。

TEMP：临时保存在局部数据堆栈中的变量。一旦程序块完全执行，临时变量数值将无法使用。在两次程序块执行之间，临时变量不保持其数值。

需要特别注意的是，PLC 不会将局部变量数据值初始化为 0，必须将使用的局部变量进行初始化。这一点和计算机程序设计中定义变量时需要初始化是一样的，不进行初始化，局部变量的值将会是随机的。

2.4.4 数据块

数据块仅允许对 V 区（变量存储区）进行数据初始化或 ASCII 码字符赋值。使用数据块，可以对 V 区中的字节（V 或 VB）、字（VW）或双字（VD）进行赋值。

数据块的第一行必须包含一个显性地址赋值（绝对或符号地址），其后的行可包含显性或隐性地址赋值。当对单个地址输入多个数据值，或输入仅包含数据值的行时，编辑器会自动进行隐性地址赋值。编辑器根据之前的地址分配及数据值大小（字节、字或双字）指定适当的 V

区数量。数据块编辑器接收大小写字母,并允许使用逗号、制表符或空格作为地址和数据值之间的分隔符。在完成一赋值行后按<Ctrl>+<Enter>组合键,会令地址自动增加至下一个可用地址。

如果编辑了数据块,需将数据块下载至 PLC。修改过的数据块只有在下载后,修改才会生效,否则,仅仅是在项目中修改了数据块中定义的数据。当下载数据块的时候,同时会将定义的数据下载到电擦除可编程只读存储器(electrically-erasable programmable read-only memory,EEPROM)中。

2.4.5 系统块中的断电数据保持

PLC 的 CPU 具有超级电容,可在 CPU 断电后保存随机存取存储器(random access memory,RAM)中的数据。有些 CPU 型号支持延长可保持 RAM 数据时间的电池卡。电池卡只有在超级电容完全放电后才提供电源。在一次上电周期中,只要超级电容和可选电池卡放电不完全,该存储器的数据就不会改变。在所有存储区中,只有 V 区、M 区(位存储区)、定时器和计数器存储区能被组态为保持存储区,也就是将某区域设定为断电保持。如果断电时间太长,电容和电池卡均不能再供电,这时数据会丢失。PLC 会从 EEPROM 中读取对应区域的值(V 区的全部和 M 区的前 14 字节)。

关于断电数据保持需注意以下几点。

(1)系统块中,断电数据保持的方法是设置由超级电容和电池卡来保持的数据范围,其中 MB0～MB13 较特殊,在断电瞬间这些区域会写入 EEPROM。

(2)V 区和 MB0～MB13 都有对应的 EEPROM 永久保持区域。MB14～MB31、计数器和 TONR 型的定时器(T0～T31、T64～T95),这些区域只能由超级电容和电池来进行数据的断电保持,它们并没有对应的 EEPROM 永久保持存储区。在超过超级电容和电池供电的时间之后,MB14～MB31,以及这些计数器和 TONR 定时器中的数据全部清零。TON 和 TOF 型的定时器(T32～T63、T96～T255)没有断电保持数据的功能,所以不要在系统块中设置这些区域为断电保持区域。

(3)在使用 EEPROM 时,对于 V 区,可以通过数据块下载或使用 SMB31 和 SMW32 控制字来实现;而对于 MB0～MB13 只需要在"系统块"对话框的"断电数据保持"选项中进行设置即可,如图 2.13 所示。

图 2.13 "断电数据保持"设置

2.4.6 状态表

状态表用于在控制程序运行的过程中对某些值进行监视和修改。利用状态表可以监控程序的输入、输出及变量，显示其当前值，还可以强制写入或改变其值。

状态表中数据的动态改变可用两种方式查看。

（1）表状态：在一表格中显示状态数据，每行指定一个要监视的数据值。可以指定存储区地址、格式、当前值及新值。

（2）趋势图显示：用随时间而变的数据绘图来跟踪状态数据，就现有的状态表在表格视图和趋势视图之间切换。新的趋势数据也可在趋势视图中直接赋值。

1. 状态表的建立

在"地址"列输入地址或符号名，在"格式"列选择数值显示方式，然后单击"状态表监控"按钮，就会显示监控地址处的当前值，如图2.14所示。

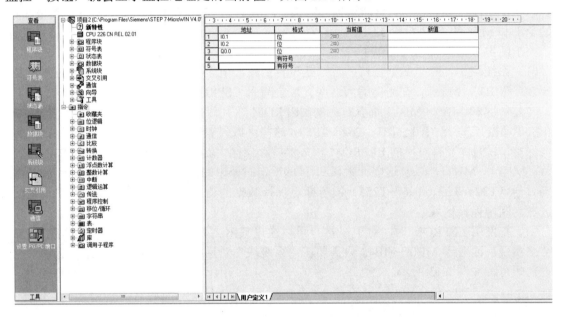

图 2.14　状态表监控

2. 当前值修改及强制写入

可以在程序状态监控过程中从程序编辑器（右键功能），或在状态表监控中将新数值写入或强制修改为操作数，以模拟控制过程的状态。使用"强制"功能将数值指定给I/O更加有效。强制功能只用于模拟调试程序。

2.5　西门子S7-200 PLC仿真软件的使用方法

西门子S7-200 PLC有专门的仿真软件进行仿真。进入仿真界面，可以单击"配置"菜单，选择 CPU 型号，如选择 CPU224XP，界面如图 2.15 所示。在右侧的空白处可以通过双击添加模块，包括 I/O 模块和 AD/DA 模块，如图 2.16 所示。

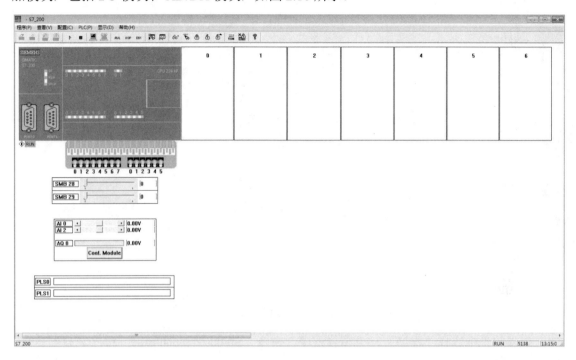

图 2.15　CPU224XP 仿真界面

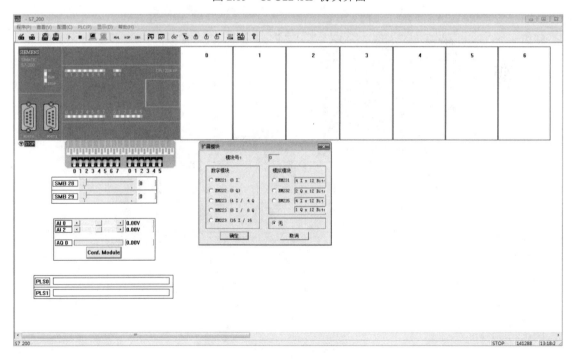

图 2.16　模块添加

要想利用仿真软件进行模拟仿真，必须首先在编程软件中编好程序，然后选择程序，选择"文件"→"导出"命令。程序导出界面如图 2.17 所示。

图 2.17　程序导出界面

在仿真软件中选择"程序"→"装载程序"命令，就可以把前面导出的程序装载到仿真界面中，如图 2.18 所示。

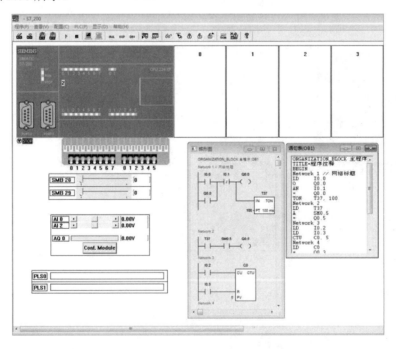

图 2.18　装载程序

仿真时，首先单击"监控"图标 ，以监控梯形图的运行状态，然后单击"运行"按钮 ，将输入端开关量的初始状态设置好,单击对应的启动开关,就可以开始仿真运行了。图 2.19 所示为仿真运行状态。

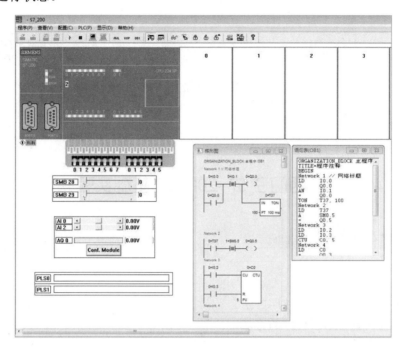

图 2.19 仿真运行状态

第 3 章

西门子 S7–200 PLC 实验

3.1 西门子 S7–200 PLC 基础实验

3.1.1 交通信号灯控制实验

1. 实验目的

（1）了解和熟悉编程软件的使用方法。
（2）了解写入和编辑用户程序的方法。
（3）掌握定时器的使用方法。
（4）掌握编程软件的编辑、修改、下载、调试的方法。

2. 实验设备

（1）PLC 一台。
（2）PLC 控制实验台。
（3）装有编程软件和开发软件的计算机一台。
（4）电缆一根。
（5）交通信号灯模块。

3. 实验任务

1）实验接线
PLC 输入：中央主控板上的 IN 接口与控制对象一上的按钮插孔连接。
PLC 输出：中央主控板上的 OUT 接口与控制对象一上的交通信号灯控制插孔连接。
     COMM0 接 GND。
     COMM1 接 GND。

2）实验内容
（1）交通信号灯白天的控制时序如图 3.1 所示。
（2）按照图 3.1 所示要求设计梯形图。
（3）在设备上的交通信号灯实验区编辑调试。交通信号灯实验区示意图如图 3.2 所示。

3）操作步骤
（1）输入、编辑并下载交通灯实验程序，下载完成后，使 PLC 处于运行状态，RUN 指示灯亮。

（2）在实验模块上观察实时显示南北方向和东西方向车辆运行情况的指示灯的状态。

（3）在编辑界面观察定时器的定时状态和程序运行状态。

（4）在上述要求的基础上，增加夜间状态，即按下停止按钮，停止白天的循环，使双方向黄灯闪烁。修改原梯形图并编辑、调试。

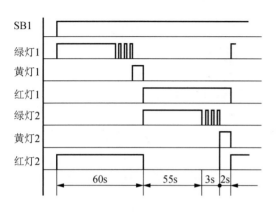 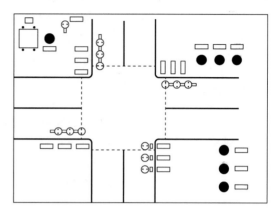

图 3.1　交通信号灯白天的控制时序　　　　图 3.2　交通信号灯实验区示意图

4. 实验现象观察与记录

仔细观察实验现象，认真记录实验中发现的问题、错误、故障，并思考解决方法。

5. 思考

如果要求白天是正常循环，按下按钮切换后，转入夜间状态，让双方向黄灯闪烁，应如何修改梯形图？

3.1.2　转盘计数控制实验

1. 实验目的

（1）熟悉 PLC 编程原理及方法。
（2）掌握计数器的使用技巧。
（3）了解传感器原理及使用方法。
（4）掌握编程软件的编辑、修改、下载、调试的方法。

2. 实验设备

（1）PLC 一台。
（2）PLC 控制实验台。
（3）装有编程软件和开发软件的计算机一台。
（4）电缆一根。
（5）刀具库实验模块一块。

3. 实验任务

转盘实验示意图如图 3.3 所示。

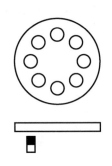

图 3.3 转盘实验示意图

1）控制要求

按下启动按钮，转盘正转一圈，停 8s，反转半圈，停 2s，如此反复。按下停止按钮，立即停止。

2）程序设计

根据控制要求，编写控制程序。

3）操作步骤

（1）打开编程软件，输入并编辑控制程序。

（2）根据程序进行输入、输出接线。

（3）下载实验程序，成功完成后，使 PLC 处于运行状态，RUN 指示灯亮。

（4）按下启动按钮，观察转盘的运动状态，同时将编程软件的监控打开，观察界面计数器的计数状态和程序的运行状态。

4. 实验现象观察与记录

仔细观察实验现象，认真记录实验中发现的问题、错误、故障，并思考解决方法。

3.1.3 液体混合控制实验

1. 实验目的

（1）进一步熟悉编程软件及其使用方法。

（2）掌握液位控制技巧。

（3）了解传感器原理及使用方法。

（4）掌握 PLC 循环控制程序设计与调试的方法。

2. 实验设备

（1）PLC 一台。

（2）PLC 控制实验台。

（3）装有编程软件和开发软件的计算机一台。

（4）电缆一根。

3. 实验任务

使用 PLC 数字量输入、输出控制混合液体的液位，实验示意图如图 3.4 所示。

1）控制要求

（1）在罐内无液体的情况下，按下启动按钮，开启进料泵 1，进料泵 1 的指示灯亮，液体 *A* 流入混料罐中；罐中液体上升到中液位时，报警灯亮，并自动开启进料泵 2，液体 *B* 流入混料罐中；罐中液体上升到高液位处时，报警灯亮，关闭液体 *A* 和液体 *B* 的阀门，开始进行液体混合，使搅拌电动机转动；6s 后，搅拌电动机停止转动，自动打开出料泵；当罐中液体下降到低液位处时,报警灯亮,同时延时 2s,保证罐中液体全部流出,然后重新自动开启进料泵 1,依此循环。

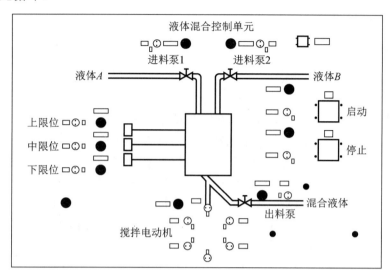

图 3.4 液体混合控制示意图

(2) 循环 3 次,停止循环,声、光间断报警 5s。
(3) 按下停止按钮,完成当前循环后停止。
(4) 按下复位按钮,立即排除剩余液体后停止。

2) 程序设计

根据控制要求,设计顺序功能图,并编写控制梯形图程序。

3) 操作步骤

(1) 打开编程软件,输入并编辑梯形图程序。
(2) 根据程序进行输入、输出接线。
(3) 下载实验程序,成功完成后,使 PLC 处于运行状态,RUN 指示灯亮。
(4) 按下相应的控制按钮,观察实验现象是否和控制要求一致。

4. 实验现象观察与记录

仔细观察实验现象,认真记录实验中发现的问题、错误、故障,并思考解决方法。

3.1.4 送料小车控制实验

1. 实验目的

(1) 熟悉 PLC 编程原理及方法。
(2) 了解自动冲压模具的基本原理。
(3) 了解传感器原理及其使用方法。
(4) 掌握 PLC 多种操作方式的控制程序设计与调试方法。

2. 实验设备

(1) PLC 一台。

(2) PLC 控制实验台。

(3) 装有编程软件和开发软件的计算机一台。

(4) 电缆一根。

3. 实验任务

送料小车示意图如图 3.5 所示。

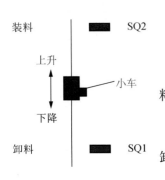

图 3.5 送料小车示意图

1) 控制要求

(1) 自动循环的初始位置在 SQ1 处。

(2) 具有手动和自动两种工作方式。

(3) 处于自动工作方式时，按下启动按钮，送料小车自动完成"装料（30s）→上行→卸料（20s）→下行"工作循环。

(4) 循环中，按下停止按钮，小车立即停止运行。

(5) 处于手动工作方式时，可以通过手动按钮，分别控制装料、卸料、上行、下行。

2) 程序设计

根据控制要求，编写控制程序。

3) 操作步骤

(1) 打开编程软件，输入并编辑控制程序。

(2) 根据程序进行输入、输出接线。

(3) 下载实验程序，成功完成后，使 PLC 处于运行状态，RUN 指示灯亮。

(4) 在电梯控制区接线、模拟。按下相应的控制按钮，观察实验现象是否和控制要求一致。

4. 实验现象观察与记录

仔细观察实验现象，认真记录实验中发现的问题、错误、故障，并思考解决方法。

3.1.5 冲压机控制实验

1. 实验目的

(1) 熟悉 PLC 编程原理及方法。

(2) 了解自动冲压模具的基本原理。

(3) 了解传感器原理及其使用方法。

2. 实验设备

(1) PLC 一台。

(2) PLC 控制实验台。

(3) 装有编程软件和开发软件的计算机一台。

(4) 电缆一根。

3. 实验任务

冲压机示意图如图 3.6 所示。

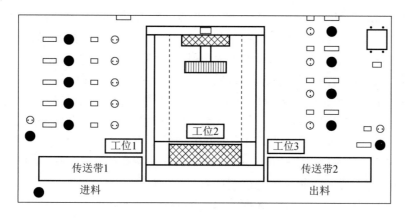

图 3.6 冲压机示意图

1）控制要求
（1）按下启动按钮后，把工件放在传送带 1 上，启动传送带 1 将工件送到工位 1。
（2）打开进料吸盘控制阀，使吸盘吸住工件。
（3）进料机械手将工件送入冲压机加工台的工位 2，并退出。
（4）冲压模具下降，冲压完工件后上升。
（5）出料机械手进入冲压机加工台。
（6）出料吸盘吸住工件。
（7）将工件放到工位 3，松开出料吸盘，出料机械手退回原位。
（8）启动传送带 2 将工件从工位 3 送走。
（9）要求有多种操作方式。

2）程序设计
根据控制要求，编写控制程序。

3）操作步骤
（1）打开编程软件，输入并编辑控制程序。
（2）根据程序进行输入、输出接线。
（3）下载实验程序，成功完成后，使 PLC 处于运行状态，RUN 指示灯亮。
（4）按相应的控制按钮，观察实验现象是否和控制要求一致。

4. 实验现象观察与记录

仔细观察实验现象，认真记录实验中发现的问题、错误、故障，并思考解决方法。

3.2 西门子 S7-200 PLC 高级应用实验

3.2.1 PLC 高速脉冲输出实验

本实验通过调节模拟电位器和高速脉冲输出来控制灯泡亮度。

每个 S7-200 PLC 有两个 PTO/PWM（脉冲列/脉冲宽度调制器），分别通过两个数字量输出 Q0.0 和 Q0.1 输出特定数目的脉冲或特定周期的方波，即产生高速脉冲列或脉冲宽度可调的波形。下面是根据模拟电位器 0 的设置来输出脉冲宽度可调的方波信号。

在程序的每次扫描过程中，模拟电位器 0 的值由特殊存储字节 SMB28 复制到内存字 MW0 的低位字节 MB1 中。将模拟电位器 0 的值除以 8（即右移 3 位）作为脉宽，脉宽和脉冲周期的比例大致决定了灯泡的亮度（相对于最大亮度）。除以 8 的目的是去掉 SMB28 所存值的三个最低有效位（由于抖动等原因，模拟电位器 0 的值每个周期都有可能发生变化），从而使程序更稳定。如果模拟电位器 0 的值发生变化，则将重新初始化输出端 Q0.0 的脉宽调制，而模拟电位器 0 的新值将被变换成脉宽的毫秒值。

通过调节模拟电位器来控制灯泡亮度的梯形图如图 3.7 所示。

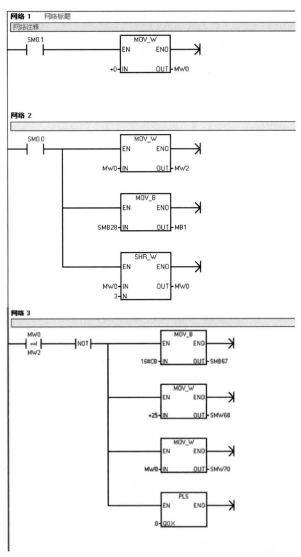

图 3.7　通过调节模拟电位器来控制灯泡亮度的梯形图

3.2.2 PLC 模拟量控制实验

本例是一个针对恒温箱的温度控制系统工程设计,温度控制范围为 25~100℃。PLC 作为控制器,触摸屏作为人机界面。通过人机界面可设定温度模拟量和系统运行的各个参数。

1. 工程设计任务要求

在恒温箱内装有一个电加热元件和一台制冷风扇。电加热元件和制冷风扇的工作状态只有 OFF 和 ON,即不能进行调节。现要控制恒温箱的温度恒定,且能在 25~100℃的范围内连续可调。

2. 恒温箱温度控制系统工程设计

1) 元件选型

PLC 选择 S7-200(CPU224XP)。该 PLC 自带模拟量的输入和输出通道,因此节省了元器件成本,内置 A/D 转换器、D/A 转换器,含有两个模拟量输入通道和一个模拟量输出通道。

在 S7-200 中,单极性模拟量 I/O 信号的数值范围是 0~32 000,双极性模拟量信号的数值范围是-32 000~+32 000。

触摸屏选择 TP177B 的西门子人机界面。

温度传感器选择 Pt100 热电阻,带变送器。其测量范围为 0~100℃,输出信号为 4~20mA。串接电阻把电流信号转换成 0~10V 的电压信号,送入 PLC 的模拟量输入通道。

2) PLC 的 I/O 口地址分配

AIW0:接收温度传感器的温度检测值。

Q1.0:控制接通加热器。

Q1.1:控制接通制冷风扇。

3) PLC 控制程序设计

对恒温箱进行恒温控制,要对温度值进行 PID 调节,用 PID 运算的结果去控制接通电加热器或制冷风扇。但由于电加热器或制冷风扇只能为 OFF 或 ON,不能接受模拟量调节,故采用占空比的调节方法。

温度传感器检测到的温度值被送入 PLC 后,经 PID 指令运算得到一个在 0~1 范围内的实数,把该实数按比例换算成一个在 0~100 范围内的整数,将该整数作为一个范围为 0~10s 的时间 t。设计一个周期为 10s 的脉冲,脉冲宽度为 t,把该脉冲加给电加热器或制冷风扇,即可控制温度。

编程方式有两种,一种是用 PID 指令来编程,另一种是用编程软件中的 PID 指令向导来编程。

(1) PID 指令编程。打开编程软件,组态符号表如表 3.1 所示。其梯形图如图 3.8 所示。

表 3.1 组态符号表

符号	地址	符号	地址
设定值	VD204	微分时间	VD224
回路增益	VD212	控制量输出	VD208
采样时间	VD216	检测值	VD200
积分时间	VD220		

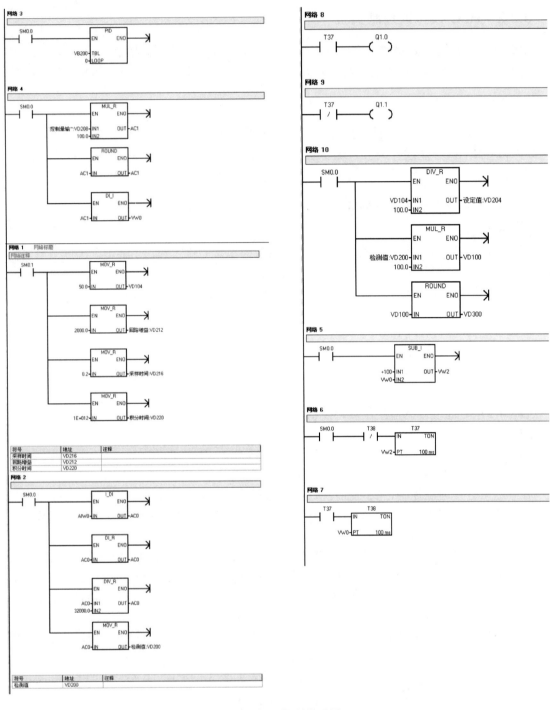

图 3.8 恒温控制梯形图

（2）指令向导编程。打开编程软件 STEP 7-Micro/WIN，选择"工具"→"指令向导"命令，弹出如图 3.9 所示的"指令向导"对话框。选择"PID"选项（应注意的是，配置的地址元件在程序中要求全部未使用过），单击"下一步"按钮，弹出如图 3.10 所示的"PID 指令向导"对话框，配置 0 号回路，单击"下一步"按钮。

在打开的如图 3.11 所示的界面中，设置给定值的低限与高限、对应的温度值和回路参数值等参数，单击"下一步"按钮。在打开的如图 3.12 所示的界面中，设置标定为单极性、范围低限为 0、范围高限为 32000。单击"下一步"按钮，在打开的如图 3.13 所示的界面中配置分配存储区。单击"下一步"按钮，在打开的如图 3.14 所示的界面中，可命名初始化子程序名和中断程序名，这里保持默认设置即可。单击"下一步"按钮直至完成指令编程。

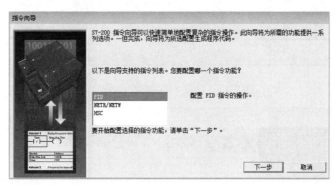

图 3.9　"指令向导"对话框

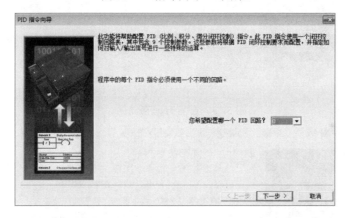

图 3.10　"PID 指令向导"对话框

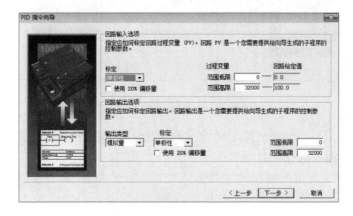

图 3.11　设置 PID 参数（一）

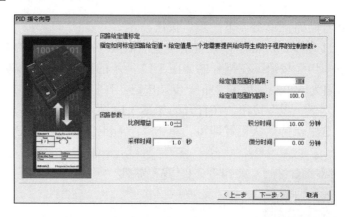

图 3.12　设置 PID 参数（二）

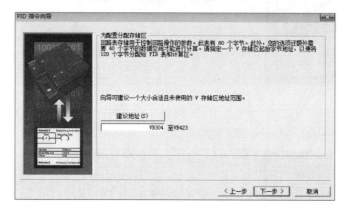

图 3.13　配置分配存储区

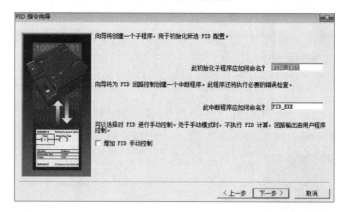

图 3.14　创建子程序

PID 指令配置完成后，自动生成了所定义的初始化子程序和中断程序。在主程序中调用初始化子程序即可对温度进行 PID 调节。

在 PLC 运行过程中，可在编程软件中选择"工具"→"PID 调节控制面板"命令，打开 PID 调节控制面板，其上可动态显示被控量的趋势曲线，并可手动设置 PID 参数，使系统达到较好的控制效果。

4）触摸屏监控

假设 PLC 采用第一种编程方式，即 PLC 指令编程方式，触摸屏的功能是对 PID 的各参数进行设置，对温度的设定值进行设置，并对恒温箱的温度值进行实时监控。组态变量表如表 3.2 所示。本温度控制系统可以组态 3 个画面，分别为系统画面、PID 参数设置画面和温度监控画面。

表 3.2 组态变量表

名称	连接	数据类型	地址	数组计数	采集周期（s）
设定值	PLC	Real	VD104	1	1
回路增益	PLC	Real	VD212	1	1
积分时间	PLC	Real	VD220	1	1
微分时间	PLC	Real	VD224	1	1
检测值	PLC	DINT	VD300	1	1
控制量输出	PLC	Real	VD208	1	1

3.2.3 PLC 与变频器调速系统实验

某小区的变频调速恒压供水系统有 3 个贮水池、3 台水泵，采用部分分流调节方法，即 3 台水泵中，只有 1 台水泵在变频器的控制下做变频运行，其他水泵做恒速运行。当设备启动后，PLC 首先接通一号泵的变频运行接触器 KM1，使一号泵调速运行。当检测到水压变低时，系统自动增加泵的数量，满足用水量增大的需求；当压力变大或超高时，系统自动减少泵的数量。

设计过程如下。

（1）确定外部 I/O 设备和 PLC 型号。

（2）输入设备有 2 个按钮，分别控制系统的启动和低频运行。输出设备有 6 个接触器，接触器的主触点分别控制 3 个泵的工频、变频运行。扩展模块采用一块 EM235 扩展模块，供扩展模拟量输入、输出。

（3）选用的 PLC 是西门子 S7-200 系列小型 PLC。编程元件地址分配如图 3.15 所示。

	符号	地址	注释
1	一号泵变频	Q0.0	
2	启动按钮	I0.0	
3	低频运行按钮	I0.1	
4	一号泵工频	Q0.1	
5	二号泵变频	Q0.2	
6	二号泵工频	Q0.3	
7	三号泵变频	Q0.4	
8	三号泵工频	Q0.5	
9	变频器运行指示灯	Q0.6	
10	采样输入值	VD500	
11	供水设定值	VD504	
12	PID 输出	VD508	
13	PID 增益	VD512	
14	采样时间	VD516	
15	积分时间	VD520	
16	微分时间	VD524	
17	PID 表首地址	VB500	
18	减泵时间	VW100	
19	采样数据	AIW0	
20	输出控制值	AQW0	
21			
22			

图 3.15 编程元件地址分配

PLC 主程序如图 3.16 所示，运行子程序 SBR-0 如图 3.17 所示，初始化子程序 SBR-1 如图 3.18 所示，定时中断程序如图 3.19 所示。

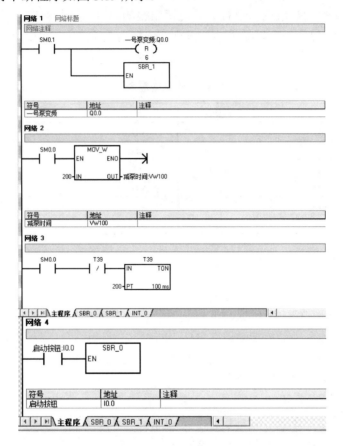

图 3.16　PLC 主程序

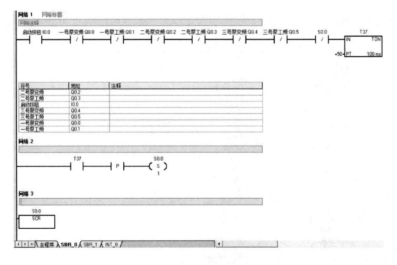

图 3.17　运行子程序 SBR-0

图 3.17　运行子程序 SBR-0（续）

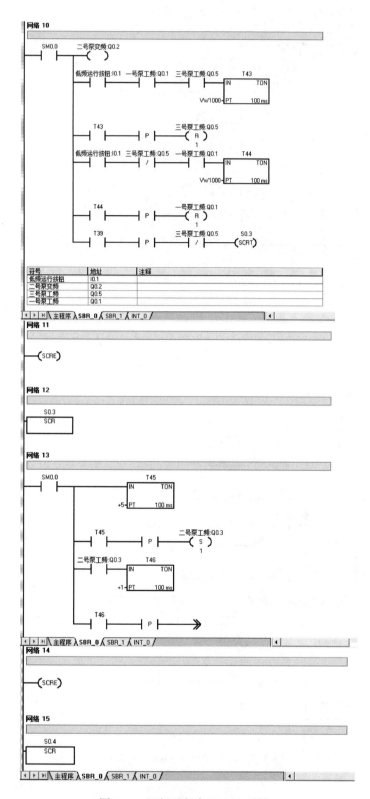

图 3.17 运行子程序 SBR-0（续）

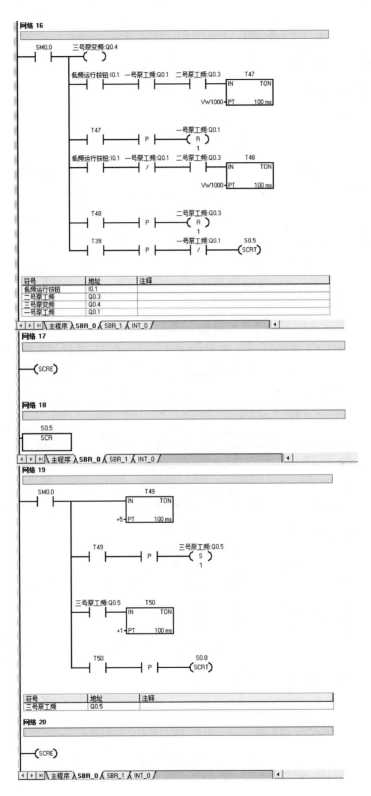

图 3.17 运行子程序 SBR-0（续）

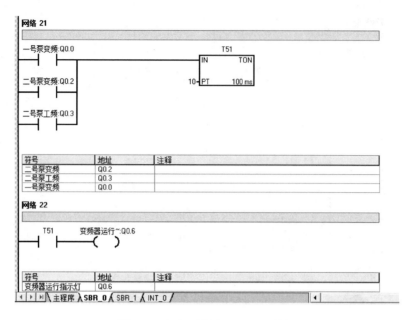

图 3.17 运行子程序 SBR-0（续）

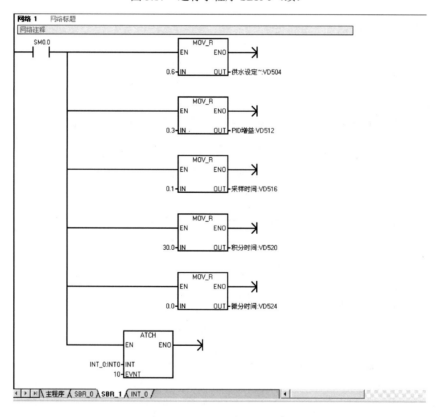

图 3.18 初始化子程序 SBR-1

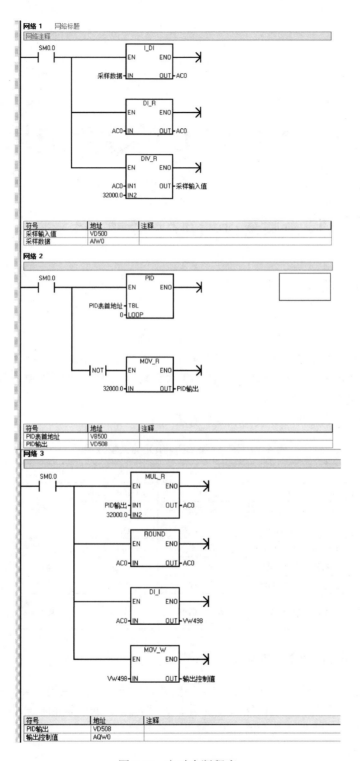

图 3.19　定时中断程序

第4章

欧姆龙 CP1H PLC 的软件应用与仿真

4.1 欧姆龙 CP1H PLC 的主要硬件资源

4.1.1 主机的规格

CP1H PLC 主机有以下几种分类方法。
（1）按照输出方式分类：继电器输出型、晶体管输出型。
（2）按照使用电源的类型分类：交流供电型（AC 型）、直流供电型（DC 型）。
（3）按照 CPU 单元的类型分类：X 型（基本型）、XA 型（带内置模拟量 I/O 端子型）、Y 型（带脉冲 I/O 专用端子型）。

CP1H 按 CPU 单元类型的分类如表 4.1 所示。

表 4.1 CP1H 按 CPU 单元的类型分类

类型	型号	输出形式	电源电压	I/O 点数	最大扩展 I/O 点数
X 型（基本型）	CP1H-X40DR-A	继电器	AC100～240V	24/16	320
	CP1H-X40DT-D	晶体管（漏型）	DC24V		
	CP1H-X40DT1-D	晶体管（源型）	DC24V		
XA 型（带内置模拟量 I/O 端子型）	CP1H-XA40DR-A	继电器	AC100～240V	24/16	
	CP1H-XA40DT-D	晶体管（漏型）	DC24V		
	CP1H-XA40DT1-D	晶体管（源型）	DC24V		
Y 型（带脉冲 I/O 专用端子型）	CP1H-Y20DT-D	晶体管（漏型）	DC24V	12/8	300

4.1.2 主机的面板和基本功能

CP1H PLC 为整体式结构，除了 CPU、存储器、输入单元、输出单元、电源等基本配置之外，还设有外部设备接口、通信接口。另外，还可以加选通信板和扩展存储器板。

下面以欧姆龙公司的整体式 CP1H-XA40DR-A 型 PLC 为例，说明主机面板的布置及各个接线端子和接口的作用。

CP1H-XA40DR-A 型 PLC 各部分的功能说明如下。

1）电池盖

电池盖内部空腔中可放入电池，以用作 RAM 的后备电源。

2）工作状态显示 LED

工作状态显示 LED 用于指示 CP1H 的工作状态。主机面板中部设置有 6 个工作状态显示 LED，各自的含义如表 4.2 所示。

表 4.2　工作状态显示 LED 的含义

名称及功能	状态	含义
POWER（绿）电源通或断指示	灯亮	通电
	灯灭	未通电
RUN（绿）PLC 工作状态指示	灯亮	CP1H 正在运行或在监视模式下执行程序
	灯灭	CP1H 正处于编程状态或运行异常
ERR/ARM（红）错误指示	灯亮	严重错误指示。发生运行停止异常（包含 FAL 指令执行），或发生硬件异常（WDT 异常）时，CP1H 停止运行，所有的输出切断
	闪烁	警告性错误指示。发生异常 CP1H 继续运行（包含 FAL 指令执行）
	灯灭	正常
INH（黄）输出禁止指示	灯亮	输出禁止特殊辅助继电器（A500.15）为 ON 时灯亮，切断所有输出
	灯灭	正常
BKUP（黄）内置闪存访问指示	灯亮	正在向内置闪存（备份存储器）写入用户程序、参数、数据或访问。此外，PLC 的电源变为 ON 时，用户程序、参数、数据复位过程中此指示灯也亮
	灯灭	上述情况以外
PRPHL（黄）USB 接口通信指示	闪烁	外部设备 USB 接口处于通信中
	灯灭	不通信

3）外部设备 USB 接口

外部设备 USB 接口可以与计算机连接，进而可使用安装在上位机中的软件 CX-P 对 PLC 进行编程及监视。

4）七段 LED 显示

使用两位七段 LED，显示 CP1H CPU 单元的状态，主要显示异常信息及模拟电位器操作时的当前值。

5）模拟电位器

通过操作模拟电位器，可以使 A642 CH 的值在 0~255 范围内任意变化。

6）外部模拟设定输入连接器

通过在外部施加 0~10V 电压，可使 A643 CH 的值在 0~255 范围内任意变化。

7）拨动开关

该型号 PLC 设置有 6 个拨动开关，各自的作用如表 4.3 所示。

表 4.3　拨动开关的作用

序号	设定	设定内容	用途	初始值
SW1	ON	不可写入用户存储器	在需要防止由外部工具导致的不慎改写程序的情况下使用	OFF
	OFF	可写入用户存储器		
SW2	ON	电源为 ON 时，将存储盒的内容自动传送到 CPU	在电源为 ON 时，可将保存在存储盒内的程序、数据内存（存储）、参数自动传送到 CPU 单元	OFF
	OFF	不执行		

续表

序号	设定	设定内容	用途	初始值
SW3	—	未使用		OFF
SW4	ON	在工具总线情况下使用	需要通过工具总线来使用选件板槽位 1 上安装的串行通信选件板时置于 ON	OFF
	OFF	根据 PLC 系统设定		
SW5	ON	在工具总线情况下使用	需要通过工具总线来使用选件板槽位 2 上安装的串行通信选件板时置于 ON	OFF
	OFF	根据 PLC 系统设定		
SW6	ON	A395.12 为 ON	通过 SW6 将继电器 A395.12 置于 ON 或 OFF	OFF
	OFF	A395.12 为 OFF		

8）内置模拟 I/O 端子台（仅限 XA 型）

内置模拟 I/O 端子台可输入 4 路模拟量信号，输出 2 路模拟量信号。模拟量 I/O 端子台排列及引脚功能如图 4.1 所示。

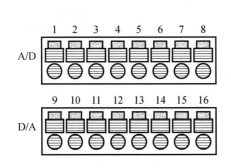

引脚号	功能	引脚号	功能
1	IN1+	9	OUT V1+
2	IN1−	10	OUT V1−
3	IN2+	11	OUT1−
4	IN2−	12	OUT V2+
5	IN3+	13	OUT I2+
6	IN3−	14	OUT2−
7	IN4+	15	IN AG*
8	IN4−	16	IN AG*

图 4.1 模拟量 I/O 端子台排列及引脚功能

9）内置模拟输入切换开关（仅限 XA 型）

内置模拟输入切换开关由 4 个拨动开关组成。通过切换各模拟输入状态可选择内置模拟输入是在电压输入下使用还是在电流输入下使用。切换开关 1～4 分别用来设定模拟输入 1～4 的电流或电压输入（出厂设定为电压输入），如图 4.2 所示。若某一切换开关状态为 ON，则相应的模拟输入为电流输入；若该切换开关状态切换为 OFF，则为电压输入。

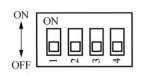

图 4.2 内置模拟输入切换开关

10）存储器盒槽位

使用存储器盒槽位可将 CP1H CPU 单元的梯形图程序、参数、数据内存（DM）等传送并保存到存储器盒[需要先安装 CP1W-ME05M（512KB）存储器卡]。

11）电源、接地、输入端子台

电源、接地、输入端子台的作用如表 4.4 所示。

表 4.4 电源、接地、输入端子台的作用

名称	作用
电源端子	供给电源（AC100～240V 或 DC24V）
接地端子	功能接地：为了强化抗干扰性、防止电击，必须接地。保护接地：为了防止触电，必须进行 D 种接地（即第 3 种接地）
输入端子	连接输入设备。内置 24 点输入端子：00.00～00.11，01.00～01.11

12）选件板槽位

选件板槽位用于将选件板分别安装到槽位 1 和槽位 2 上。其中，RS-232C 选件板为 CP1W-CIF01，RS-422A/485 选件板为 CP1W-CIF11。

13）内置输入端子的指示灯 LED

内置输入端子的指示灯是与内置 24 点输入端子（见表 4.4）对应的指示灯。输入端子的接点为 ON 时，指示灯亮；为 OFF 时，指示灯灭。

14）扩展 I/O 单元连接器

扩展 I/O 单元连接器用于连接 CPM1A 系列扩展 I/O 单元（I/O 40 点，I/O 20 点，输入 8 点/输出 8 点）及扩展单元（模拟 I/O 单元、温度传感器单元、CompoBus/S I/O 连接单元、DeviceNet I/O 连接单元），最大为 7 台。

15）内置输出端子的指示灯 LED

内置输出端子的指示灯 LED 是与内置 16 点输出端子对应的指示灯。内置 16 点输出端子为 100.00～100.07 和 101.00～101.07。输出端子的接点为 ON 时，指示灯亮；为 OFF 时，指示灯灭。

16）外部电源供给、输出端子台

外部电源供给、输出端子台可作为输入设备或现场传感器的服务电源（能对外部提供 DC24V，最大 300mA 的电源）。

17）CJ 单元适配器用连接器

通过 CJ 单元适配器 CP1W-EXT01 连接 CJ 系列特殊 I/O 单元或 CPU 总线单元。CJ 单元适配器位于 CP1H CPU 单元的侧面，最多可连接 2 个单元（应注意的是，不可以连接 CJ 系列的基本 I/O 单元）。

4.1.3 CP1H PLC 的其他功能

1. 内置模拟量 I/O 功能

对于 CP1H-XA40DR-A 型 PLC 的 CPU 单元，在一般内置功能之外还设置有内置模拟量 I/O 功能（XA 型 CP1H CPU 单元中内置模拟输入 4 点、模拟输出 2 点）。

2. 中断功能和快速响应功能

CP1H 的 CPU 单元执行以下周期性任务：公共处理→程序执行→I/O 刷新→外部设备端口服务。CP1H 还可以根据特定事件的发生，在周期执行任务的中途中断，使其能够执行特定程序，称为中断功能。

因为 PLC 的输出对输入的响应速度受扫描周期的影响，所以在某些特殊情况下可能会使某些瞬间的输入信号被遗漏。为了应对此类情况，CP1H 设计了快速响应输入功能，目的是保证 PLC 不受扫描周期的影响，能随时接收最小脉冲信号宽度为 30μs 的瞬间脉冲。其中，X 型和 XA 型最多可使用 8 点，Y 型最多可使用 6 点。

3. 高速计数器功能

CP1H PLC 共设置了 4 个高速计数器。其中，高速计数器的计数模式有 2 种，即线形模式、环形模式。高速计数器的输入模式有 4 种，即递增模式、相位差输入模式、增/减模式（又称加/减模式）、脉冲+方向模式。

CP1H PLC 在使用高速计数器时，部分内容要求必须预先在 CX-Programmer 编程软件上设置，否则高速计数器不工作。

4. 脉冲输出功能

CP1H PLC 可从 CPU 单元内置输出中发出固定占空比的脉冲输出信号，并通过脉冲输入的伺服电动机驱动器进行定位/速度控制，即脉冲输出功能。

5. I/O 扩展单元

CP1H PLC 能够通过单元连接器连接各种扩展单元，或通过 CJ 单元适配器 CP1W-EXT01 连接高功能单元（特殊 I/O 单元、CPU 总线单元），但不可以连接 CJ 的基本 I/O 单元。

CP1H CPU 单元扩展时最多可连接 7 台 CPM1A 系列的各种扩展单元，最多可连接 2 台 CJ 系列的高功能单元。

4.2 欧姆龙 CP1H PLC 的外部接线

CP1H PLC 按照 CPU 单元的类型，分为 3 类，具体类别见不同类型的 CPU，其 I/O 端子略有不同。X 型又称基本型，XA 型带内置模拟量 I/O 端子，包括 24 路输入（0.00~0.11、1.00~1.11）。X/XA 型输入端子台示意图如图 4.3 所示。输入开关量的公共端与 COM 之间接 24V 直流电源。

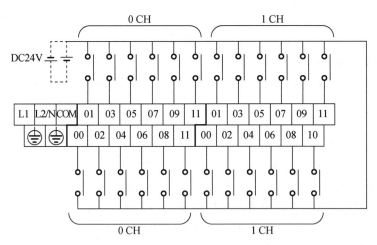

图 4.3 X/XA 型输入端子台示意图

X/XA 型的输出为 16 路，由 100.00~100.07、101.00~101.07 组成。其中 100.00~100.02 每一个输出对应一个公共端 COM，100.02~100.03 共用一个 COM。这 4 个输出可以作为普通开关量输出，也可以分别输出高速脉冲，即可以输出 4 路高速脉冲，控制 4 台伺服电动机或步进电动机。100.04～100.07 共用一个 COM，101.00～101.03 共用一个 COM，101.04～101.07 共用一个 COM。图 4.4 所示为 X/XA 型的继电器输出端子台示意图，不同 COM 的分组可以使用不同的电源种类和电压等级。图 4.5 所示为 X/XA 型的晶体管（漏型）输出端子台示意图，输出负载的电源只能是直流，晶体管（源型）将直流电源反向。

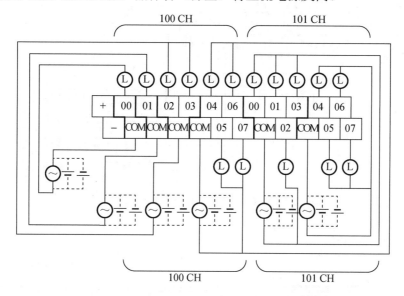

图 4.4　X/XA 型的继电器输出端子台示意图

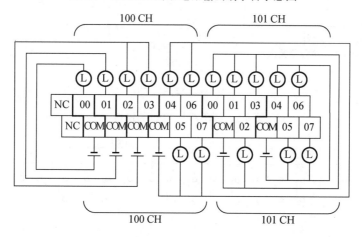

图 4.5　X/XA 型的晶体管（漏型）输出端子台示意图

X/XA 型 PLC 脉冲输出端子分配如图 4.6 所示。

CP1H PLC 可以连接编码器，接收高速脉冲信号。X/XA 型 PLC 可以与带 A、B、Z 相集电极开路的编码器连接，如图 4.7 所示。Y 型 PLC 的输入端子台如图 4.8 所示，其可以与线路驱动器输出的编码器（带 A+、A-、B+、B-、Z+、Z-）连接。输出端子台带脉冲 I/O 专用端子，可以输出更高频率的脉冲，如图 4.9 所示。CP1H PLC 脉冲输出端与电动机（伺服电动机或步进电动机）驱动器的连接如图 4.10 所示。Y 型 PLC 脉冲输出端子分配如图 4.11 所示。

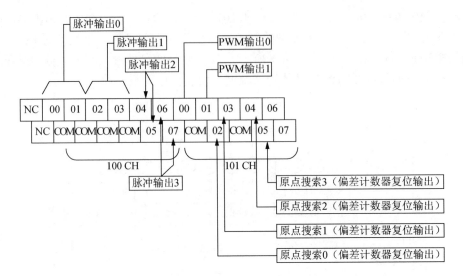

图 4.6　X/XA 型 PLC 脉冲输出端子分配

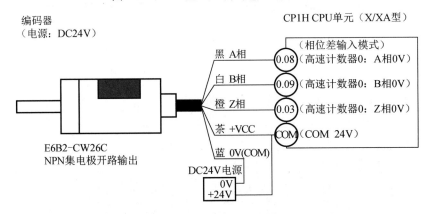

图 4.7　编码器与 PLC 的连接

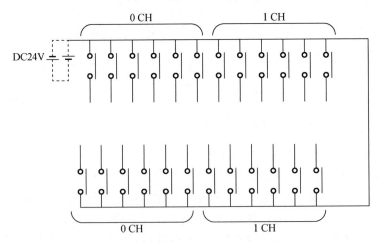

图 4.8　Y 型 PLC 的输入端子台

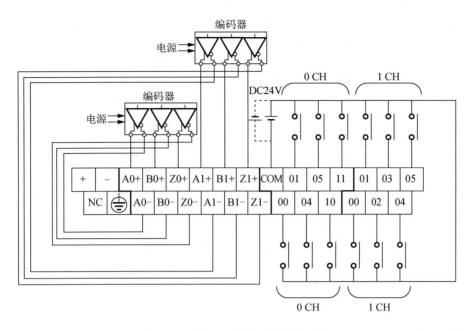

图 4.8　Y 型 PLC 的输入端子台（续）

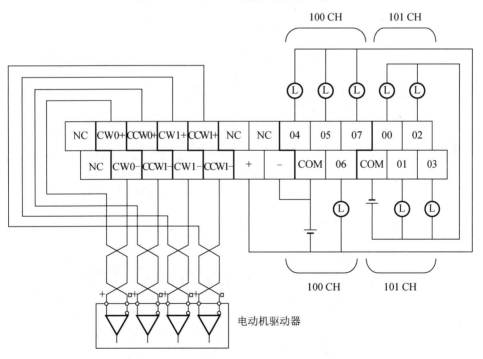

图 4.9　Y 型 PLC 的输出端子台

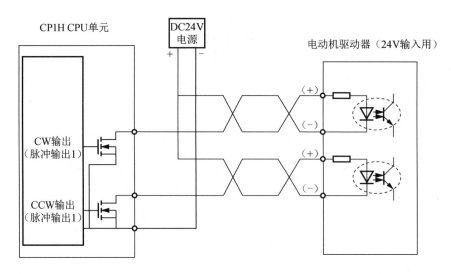

图 4.10 CP1H PLC 脉冲输出端与电动机驱动器的连接

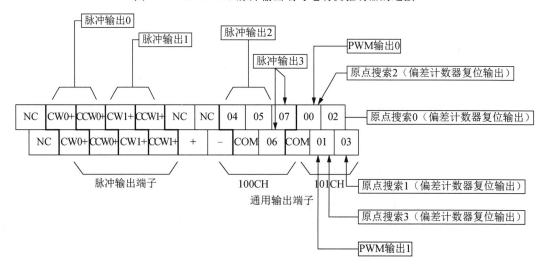

图 4.11 Y 型 PLC 脉冲输出端子分配

4.3 CX-Programmer 软件的编程、程序调试与仿真

CX-Programmer 是一种综合性软件包,是欧姆龙 PLC 编程软件集成的支持软件,可对网络、可编程终端、伺服系统、变频器、电子温度控制器等进行设置。

4.3.1 CX-Programmer 软件的编程

双击 CX-Programmer 程序图标,启动 CX-Programmer 软件,新建程序,弹出"变更 PLC"对话框,如图 4.12 所示。选择所用的设备类型,如 CP1L 或 CP1H 等。

目前,欧姆龙生产的主流 PLC,如 CP1H/CP1L 系列、CJ1 系列、CS1 系列,在程序上采用单元化结构，可以将程序按功能、控制对象、工序或开发者等条件进行划分，分割成任务的执行单位。

任务就是规定各个程序按照某种顺序或中断条件进行划分的功能。任务大致可分为以下两种：①按照顺序执行的任务，称为周期性执行任务（循环任务）；②按照中断条件执行的任务，称为中断任务。在任务中分配的各程序是相互独立的，每个任务程序后需要有各自的 END 指令。

任务执行及编程示意图如图 4.13 所示。按照程序 A→程序 C→程序 D 的循环顺序执行，但中断任务具有更高优先级，如执行程序 A 时，若中断任务 100 的中断条件成立，则中断程序 A 的执行，执行程序 B，程序 B 执行完毕后，在程序 A 中断的位置重新开始。

图 4.12 "变更 PLC" 对话框

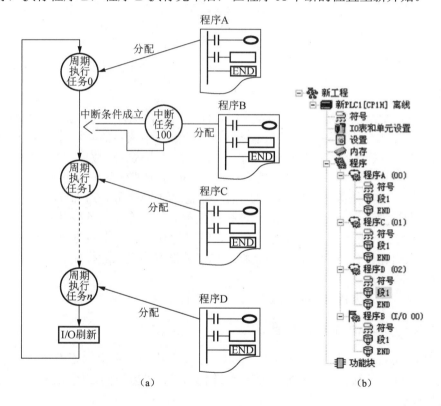

图 4.13 任务执行及编程示意图

CP1H PLC 最多能够管理 288 个任务（32 个周期性任务+256 个中断任务），每个任务由一段程序组成。中断任务可以作为追加任务来使用。

（1）周期性执行任务。周期性执行任务是指一个扫描周期内执行一次，即从第一逻辑行开始执行到 END 指令结束。CP1H PLC 最多能使用 32 个周期性任务，按任务的顺序号（0～31）由小到大顺序执行。可以利用 CX-Programmer 将程序的属性设定为循环任务或由 TKON 指令来调用。循环任务就是周期性执行任务。循环任务的设置如图 4.14 所示。

图 4.14　循环任务的设置

（2）中断任务。中断任务是指当中断发生时，停止周期性执行任务/追加任务的执行，进行强制性中断，转而执行的任务。执行完中断任务后，返回中断前的断点继续执行中断前的任务。CP1H PLC 的中断任务可分为 4 种：输入中断（直接模式、计数模式）、高速计数器中断、定时器中断、外部中断。CP1H PLC 最多能使用 256 个中断任务，编号为 0~255。

（3）追加任务。追加任务是设置了可执行任务状态的中断任务。追加任务能够和周期性执行任务一样周期性地运行。在运行完周期性执行任务后，对追加任务按其序号由小到大顺序执行。CP1H PLC 最多能使用 256 个追加任务，编号为 0~255。与周期性执行任务不同的是，追加任务不具有循环任务的属性，不能将追加任务设置为进入运行模式直接执行，它只能由 TKON 指令来驱动。

用户可以根据程序需要添加不同类型的任务（程序）。

4.3.2　CX-Programmer 的设置

在使用 CX-Programmer 软件进行编程、程序调试时，有很多参数需要设定，如外部输入中断、定时中断、高速计数器、AD/DA、高速脉冲输出等，设置界面如图 4.15 所示。下面介绍相关的设置方法。

1. 定时中断设置

在如图 4.15 所示的设置界面选择"时序"选项卡，如图 4.16 所示。在其中可以选择中断间隔，可设置的时间单位为 10ms、1ms、0.1ms。

2. 内置输入设置

在如图 4.15 所示的设置界面选择"内置输入设置"选项卡，如图 4.17 所示。其中，"中断输入"选项组包括 IN0~IN7，可以在相应位置选择。在此界面还可以进行高速计数器设置，包含 4 个高速计数器，每个高速计数器包括计数模式、复位状态、输入方式等。

第 4 章 欧姆龙 CP1H PLC 的软件应用与仿真

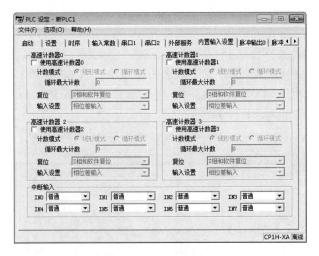

图 4.15 设置界面

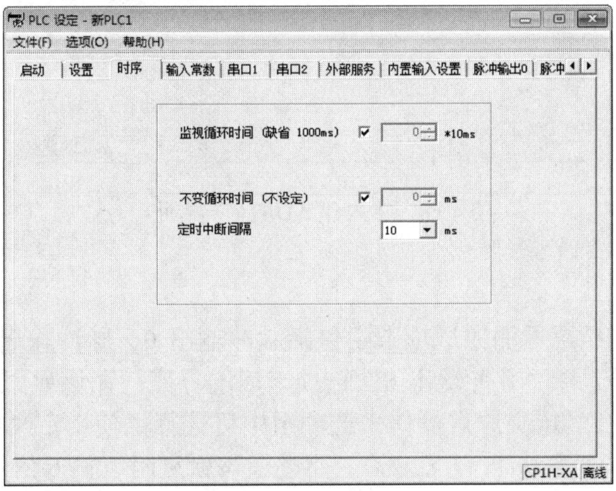

图 4.16 "时序"界面

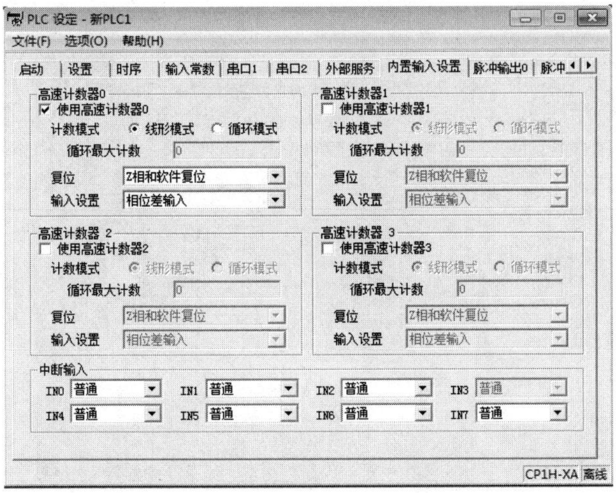

图 4.17 "内置输入设置"界面

3. 内置 AD/DA 设置

在如图 4.15 所示的设置界面选择"内建 AD/DA"选项卡，如图 4.18 所示。其中包括四路 AD 和两路 DA。在"内建模拟量方式"单选按钮组中，有 6000 和 12000 两种分辨率可供选择。AD/DA 可以选择电压信号和电流信号，电压信号包括 0～5V、1～5V、0～10V、-10～10V，电流信号包括 0～20mA、4～20mA。

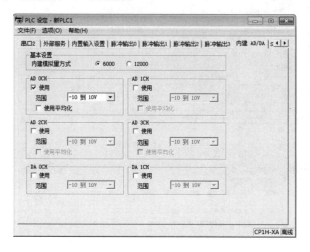

图 4.18 "内建 AD/DA"界面

4. 高速脉冲输出设置

在如图 4.15 所示的设置界面的选项卡中包括脉冲输出 0～脉冲输出 3，可以选择其中一个进行设置。图 4.19 为选择"脉冲输出 0"选项卡后的界面。在该界面主要进行使用原点搜索或原点返回的设置。在"定义原点操作"选项组中可选择"使用定义原点操作"。

侦测模式包括方法 0、方法 1、方法 2，主要进行与原点附近输入信号相关的设定。其中，方法 0 和方法 1 包含原点附近输入信号和原点输入信号，方法 2 只有原点输入信号。查找操作包括反转模式 1 和反转模式 2，如表 4.5 所示。

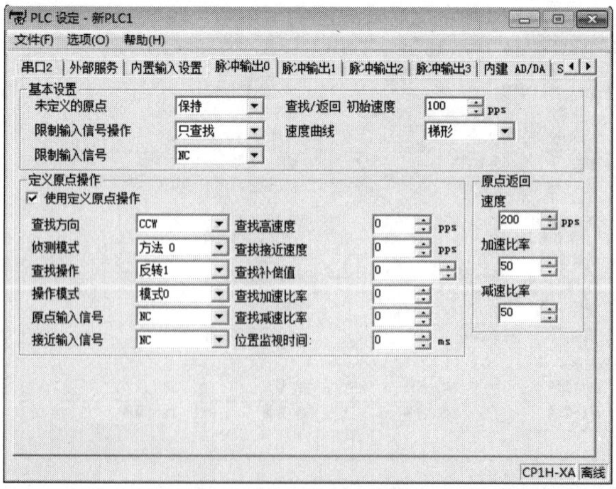

图 4.19 选择"脉冲输出 0"选项卡后的界面

表 4.5 反转模式说明

设定	说明
0：反转模式 1	根据原点搜索方向的界限输入信号的输入，进行反转动作
1：反转模式 2	根据原点搜索方向的界限输入信号的输入，发生出错停止

操作模式决定原点搜索时使用的输入信号的参数。根据偏差计数器复位输出、定位结束输入的有无，包括 3 种模式，如表 4.6 所示。

表 4.6 操作模式说明

驱动器	补充说明	工作模式
步进电动机驱动	—	0
伺服电动机驱动	即使定位精度低，也希望缩短操作时间的情况下使用（不使用伺服驱动器侧的定位结束信号）	1
	希望提高定位精度的情况下使用（使用伺服驱动器侧的定位结束信号）	2

4.3.3 CX-Programmer 程序的调试与监控

在调试程序时，选择"视图"→"窗口"→"查看"命令，可以监控某一位或一个通道的内容。图 4.20 为 CX-Programmer 程序的调试与监控示例。

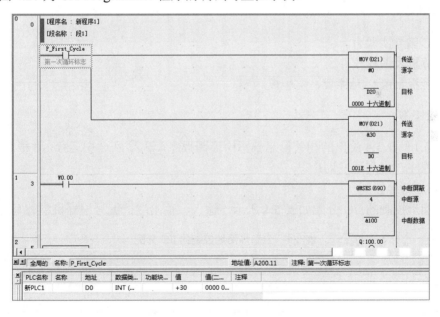

图 4.20 CX-Programmer 程序的调试与监控示例

4.3.4 CX-Programmer 的仿真方法

程序编写好以后，选择"模拟"→"在线模拟"命令，选择要动作的开关量并右击，在弹出的快捷菜单中选择"设置"或"强制"命令，使该变量为"ON"或"OFF"，模拟实际开关量的动作，完成仿真模拟调试。

第 5 章

欧姆龙 CP1H PLC 实验

5.1 欧姆龙 CP1H PLC 基础实验

5.1.1 基本逻辑指令实验

1. 实验目的

掌握 PLC 的操作方法，熟悉基本指令及实验设备的使用方法。

2. 实验设备

（1）PLC 教学实验台。
（2）计算机及编程软件。
（3）电源板、PLC 元件板、实验板。

3. 实验任务

按照表 5.1～表 5.4 给出的相关信息编写梯形图程序，输入 PLC 中运行，并根据运行情况调试、修改程序，直到通过为止。

1）走廊灯两地控制

走廊灯两地控制的 I/O 分配如表 5.1 所示，输入、输出端子编号根据机型补写完整。

表 5.1　走廊灯两地控制的 I/O 分配

输入信号	信号元件及作用	元件或端子位置
0	楼下开关	开关信号区
1	楼上开关	开关信号区
输出信号	控制对象及作用	元件或端子位置
0	走廊灯	声光显示区

2）走廊灯三地控制

走廊灯三地控制的 I/O 分配如表 5.2 所示，输入、输出端子编号根据机型补写完整。

表 5.2 走廊灯三地控制的 I/O 分配

输入信号	信号元件及作用	元件或端子位置
0	走廊东侧开关	开关信号区
1	走廊中间开关	开关信号区
2	走廊西侧开关	开关信号区
输出信号	控制对象及作用	元件或端子位置
0	走廊灯	声光显示区

3）圆盘正/反转控制

圆盘正/反转控制的 I/O 分配如表 5.3 所示。

表 5.3 圆盘正/反转控制的 I/O 分配

输入信号	信号元件及作用	元件或端子位置
0	正转信号按钮	直线区（任选）
1	反转信号按钮	直线区（任选）
2	停止信号按钮	直线区（任选）
输出信号	控制对象及作用	元件或端子位置
0	电动机正转	旋转区正转端子
1	电动机反转	旋转区反转端子

4）小车直线行驶正/反向自动往返控制

小车直线行驶正/反向自动往返控制的 I/O 分配如表 5.4 所示。

表 5.4 小车直线行驶正/反向自动往返控制的 I/O 分配

输入信号	信号元件及作用	元件或端子位置
0	停止信号按钮	直线区（任选）
1	正转信号按钮	直线区（任选）
2	反转信号按钮	直线区（任选）
3	左限位光电开关	直线区（左数第一个）
4	左光电开关	直线区（左数第二个）
5	右光电开关	直线区（左数第三个）
6	右限位光电开关	直线区（左数第四个）
输出信号	控制对象及作用	元件或端子位置
0	电动机正转	旋转区正转端子
1	电动机反转	旋转区反转端子

5.1.2 定时器指令实验

1. 实验目的

熟悉定时器指令及实验设备的使用方法。

2. 实验设备

(1) PLC 教学实验台。

(2) 计算机及编程软件。

(3) 电源板、PLC 元件板、实验板。

3. 实验任务

通电延时控制、断电延时控制、通电/断电延时控制、闪光报警控制的时序如图 5.1～图 5.4 所示。I/O 分配如表 5.5 所示。根据时序分别设计梯形图、编写程序，完成实验。

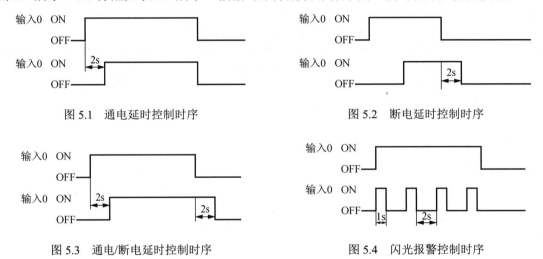

图 5.1　通电延时控制时序　　　　　　图 5.2　断电延时控制时序

图 5.3　通电/断电延时控制时序　　　　图 5.4　闪光报警控制时序

表 5.5　I/O 分配

输入信号	信号元件及作用	元件或端子位置
0	开关	开关信号区
输出信号	控制对象及作用	元件或端子位置
0	信号灯及蜂鸣器	声光显示区

5.1.3　计数器指令实验

1. 实验目的

熟悉计数器指令。

2. 实验设备

(1) PLC 教学实验台。

(2) 计算机及编程软件。

(3) 电源板、PLC 元件板、实验板。

3. 实验任务

按照下面给出的控制要求编写梯形图程序。

1）按钮计数控制

按钮计数控制的时序如图 5.5 所示，其 I/O 分配如表 5.6 所示。要求按钮按下 3 次，信号灯亮；再按 2 次，信号灯灭。

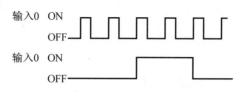

图 5.5 按钮计数控制的时序

表 5.6 按钮计数控制的 I/O 分配

输入信号	信号元件及作用	元件或端子位置
0	按钮	直线区（任选）
输出信号	控制对象及作用	元件或端子位置
0	信号灯及蜂鸣器	声光显示区

2）用计数器构成定时器（有断电记忆功能）

用计数器构成定时器控制的时序如图 5.6 所示，其 I/O 分配如表 5.7 所示。

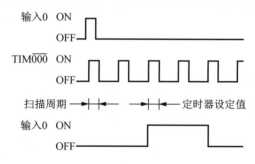

图 5.6 用计数器构成定时器控制的时序

表 5.7 用计数器构成定时器的 I/O 分配

输入信号	信号元件及作用	元件或端子位置
0	开关	开关信号区
输出信号	控制对象及作用	元件或端子位置
0	信号灯及蜂鸣器	声光显示区

3）圆盘旋转计数、计时控制

圆盘电动机启动后，旋转一周（对应光电开关产生 8 个计数脉冲）后，停 1s，再转一周，以此规律重复，直到按下停止按钮为止。圆盘旋转计数、计时控制的 I/O 分配如表 5.8 所示。

表 5.8 圆盘旋转计数、计时控制的 I/O 分配

输入信号	信号元件及作用	元件或端子位置
0	启动按钮	直线区（任选）
1	停止按钮	直线区（任选）
输入信号	信号元件及作用	元件或端子位置
2	位置检测信号	旋转区
输出信号	控制对象及作用	元件或端子位置
0	电动机正转	旋转区正转端子

4）测扫描频率

用计数器、高速计时器测 CPU 每秒扫描程序次数。用编程器监控方式观察计数器每秒所记录下的程序扫描次数。测扫描频率的 I/O 分配如表 5.9 所示。

表 5.9 测扫描频率的 I/O 分配

输入信号	信号元件及作用	元件或端子位置
0	启动按钮	直线区（任选）
1	停止按钮	直线区（任选）

5.1.4 微分指令、锁存器指令实验

1. 实验目的

熟悉微分指令、锁存器指令。

2. 实验设备

（1）PLC 教学实验台。
（2）计算机及编程软件。
（3）电源板、PLC 元件板、实验板。

3. 实验任务

按照下面给出的控制要求编写梯形图程序。
1）按钮操作声响提示
有按钮操作时，无论时间长短，蜂鸣器发出 1s 声响。
2）开关操作声响提示
有开关操作时，无论瞬间通断，蜂鸣器发出 1s 声响。
3）单按钮单路输出控制
用一个按钮控制一盏信号灯，第一次按下时信号灯亮，第二次按下时信号灯灭，依此循环，即按奇数次时灯亮，按偶数次时信号灯灭。
4）单按钮双路单通输出控制
用一个按钮控制两盏信号灯，第一次按下时第一盏信号灯亮，第二次按下时第一盏信号灯灭，同时第二盏信号灯亮，第三次按下时两盏信号灯均熄灭，依此循环。

5）单按钮双路单双通输出控制

用一个按钮控制 2 盏灯，第一次按下时第一盏灯亮，第二次按下时第一盏灯灭，同时第二盏灯亮，第三次按下时 2 盏灯同时亮，第四次按下时 2 盏灯同时熄灭，依此循环。

注意：执行 CPM1A 机型附本中所提供的实现上述功能的参考程序，颠倒两个锁存器程序梯级位置，观察执行结果有何变化，从而理解由程序顺序不同产生的影响和顺序扫描程序的概念。

微分指令、锁存器指令实验的 I/O 分配如表 5.10 所示。

表 5.10 微分指令、锁存器指令实验的 I/O 分配

输入信号	信号元件及作用	元件或端子位置
0	按钮	直线区（任选）
输出信号	控制对象及作用	元件或端子位置
0	信号灯	声光显示区
1	信号灯	声光显示区

5.1.5 位移指令实验

1. 实验目的

熟悉位移指令。

2. 实验设备

（1）PLC 教学实验台。
（2）计算机及编程软件。
（3）电源板、PLC 元件板、实验板。

3. 实验任务

按照下面给出的控制要求编写梯形图程序。

1）单方向顺序通断控制

8 盏信号灯用 2 个按钮控制，一个作为位移按钮，一个作为复位按钮，实现 8 盏信号灯单方向按顺序逐个亮或灭，相当于信号灯的亮灭按顺序作位置移动。当按下位移按钮时，信号灯依次从第一盏灯开始向后逐一点亮；松开按钮时，信号灯依次从第一盏灯开始向后逐一熄灭。位移间隔时间为 0.5s。当复位按钮按下时，信号灯全部熄灭。

单方向顺序通断控制的 I/O 分配如表 5.11 所示（输出信号可不接，在 PLC 输出指示灯上观察）。

表 5.11 单方向顺序通断控制的 I/O 分配

输入信号	信号元件及作用	元件或端子位置
0	位移按钮	直线区（任选）
1	复位按钮	直线区（任选）

2）单方向顺序单通控制

8 盏信号灯用 3 个按钮控制，实现单方向按顺序逐个亮，一次只有一盏信号灯亮，所以

称为单方向顺序单通控制。信号亮灯的位移方式有两种,一种为点动位移,用一个按钮实现,按钮每按下一次,信号灯亮的顺序向后移动一位;另一种为连续位移,按钮一旦按下即可使信号灯亮的顺序连续向后移动,间隔 0.2s(用内部特殊接点)或间隔任意秒脉冲串(用计时器产生的脉冲串)。信号灯亮的位移可以循环。按下复位按钮,灯全部熄灭。

单方向顺序单通控制的 I/O 分配如表 5.12 所示(输出信号可不接,在 PLC 输出指示灯上观察)。

表 5.12 单方向顺序单通控制的 I/O 分配

输入信号	信号元件及作用	元件或端子位置
0	点动位移按钮	直线区(任选)
1	连续位移按钮	直线区(任选)
2	复位按钮	直线区(任选)

3)正方向顺序全通、反方向顺序全断控制

6 盏信号灯用 2 个按钮控制。2 个按钮一个为启动按钮,另一个为停止按钮。按下启动按钮时,6 盏信号灯按正方向顺序逐个点亮;按下停止按钮时,6 盏信号灯按反方向顺序逐个熄灭。信号灯亮或信号灯灭间隔 0.2s(用内部特殊接点)。

正方向顺序全通、反方向顺序全断控制的 I/O 分配如表 5.13 所示(输出信号可不接,在 PLC 输出指示灯上观察)。

表 5.13 正方向顺序全通、反方向顺序全断控制的 I/O 分配

输入信号	信号元件及作用	元件或端子位置
0	启动按钮	直线区(任选)
1	停止按钮	直线区(任选)

5.1.6 特殊功能指令实验

1. 实验目的

熟悉传送指令、译码指令、加/减法指令、可逆计数器指令、比较指令、高速计数器指令。

2. 实验设备

(1)PLC 教学实验台。
(2)计算机及编程软件。
(3)电源板、PLC 元件板、实验板。

3. 实验任务

按照下面给出的控制要求编写梯形图程序。
1)定时器当前值显示控制

编写一个简单的通电延时程序,将计时器当前值(十进制)用数据传送指令传送到某中间通道,再将秒位值传输到输出通道,并接至数码显示区观察定时器秒位倒计时变化情况。定时器当前值显示控制的 I/O 分配如表 5.14 所示。

表 5.14 定时器当前值显示控制的 I/O 分配

输入信号	信号元件及作用	元件或端子位置
0	启动按钮	直线区（任选）
1	停止按钮	直线区（任选）
输出信号	控制对象及作用	元件或端子位置
0	数码显示	数码区（1 端）
1	数码显示	数码区（2 端）
2	数码显示	数码区（4 端）
3	数码显示	数码区（8 端）

2）可逆计数器当前值显示控制

用 3 个按钮分别作为加计数端、减计数端、复位端，控制数码显示器。每按下加计数按钮或减计数按钮一次，数码显示器数据就做一次加一或减一运算。当按下复位按钮时，数码显示器复位为 0。可逆计数器当前值显示控制的 I/O 分配如表 5.15 所示。

表 5.15 可逆计数器当前值显示控制的 I/O 分配

输入信号	信号元件及作用	元件或端子位置
0	加计数按钮	直线区（任选）
1	减计数按钮	直线区（任选）
2	复位按钮	直线区（任选）
输出信号	控制对象及作用	元件或端子位置
0	数码显示	数码区（1 端）
1	数码显示	数码区（2 端）
2	数码显示	数码区（4 端）
3	数码显示	数码区（8 端）

3）双方向可逆顺序单通控制

用一按钮信号和一开关信号，实现 8 盏信号灯双方向可逆顺序单通控制。当开关不动作时，按下按钮，信号灯按正方向逐个点亮；当开关动作时，按下按钮，信号灯按反方向逐个熄灭。双方向可逆顺序单通控制的 I/O 分配如表 5.16 所示。

表 5.16 双方向可逆顺序单通控制的 I/O 分配

输入信号	信号元件及作用	元件或端子位置
0	按钮	直线区
1	开关	开关信号区
输出信号	控制对象及作用	元件或端子位置
0	信号灯	PLC 输出指示灯
1	信号灯	PLC 输出指示灯
2	信号灯	PLC 输出指示灯
3	信号灯	PLC 输出指示灯
4	信号灯	PLC 输出指示灯
5	信号灯	PLC 输出指示灯
6	信号灯	PLC 输出指示灯
7	信号灯	PLC 输出指示灯

4）全通/全断提示

用 3 个开关控制一盏信号灯，实现 3 个开关全部置于 ON 位置时，信号灯点亮；3 个开关全部置于 OFF 位置时，信号灯也点亮的功能。

思考：当开关数量增多后，如何简化程序？将用数据比较指令实现的程序与用基本指令实现的程序相比较。

5）10-4 编码控制

用 10 个按钮控制一位 BCD 数码显示。当按下 0 位按钮时，数码显示区显示 0；当按下 1 时，数码显示区显示 1；……；当按下 9 时，数码显示区显示 9。

思考：将用译码指令实现的程序与用基本指令实现的程序相比较。

5.1.7 十字路口交通信号灯控制实验

1. 控制要求

在十字路口交通信号灯控制实验区内完成实验，交通信号灯分 1、2 两组，控制规律相同，工作时序如图 5.7 所示。

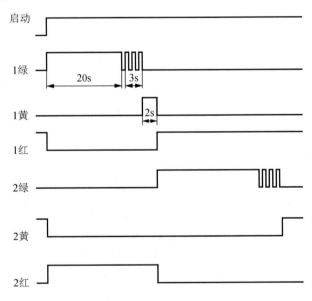

图 5.7 十字路口交通信号灯工作时序

2. I/O 分配

十字路口交通信号灯控制的 I/O 分配如表 5.17 所示。

表 5.17 十字路口交通信号灯控制的 I/O 分配

输入信号	信号元件及作用	元件或端子位置
0	启动按钮	直线区（任选）
1	停止按钮	直线区（任选）

续表

输出信号	控制对象及作用	元件或端子位置
0	1 红信号灯	交通信号灯实验区
1	1 黄信号灯	交通信号灯实验区
2	1 绿信号灯	交通信号灯实验区
3	2 红信号灯	交通信号灯实验区
4	2 黄信号灯	交通信号灯实验区
5	2 绿信号灯	交通信号灯实验区

5.1.8 混料罐控制实验

1. 控制要求

在混料罐实验区完成实验。液位在最下方时,按下启动按钮后,可进行连续混料。首先,液体 A 阀门打开,液体 A 流入容器;当液面升到 M 传感器检测位置时,液体 A 阀门关闭,液体 B 阀门打开;当液面升到 H 传感器检测位置时,液体 B 阀门关闭,搅拌电动机开始工作。搅拌电动机工作 6s 后,停止搅拌,混合液体 C 阀门打开,开始放出混合液体。当液面降到 L 传感器检测位置时,延时 2s 后,关闭液体 C 阀门,再开始下一周期操作。如果工作期间按下停止按钮,则该次混料结束后,才能停止,不再进行下一周期工作。由于初始工作时液位不一定在最下方,因此需按下复位按钮,使液位处于最下方。

2. I/O 分配

混料罐控制的 I/O 分配如表 5.18 所示。

表 5.18 混料罐控制的 I/O 分配

输入信号	信号元件及作用	元件或端子位置
0	启动按钮	直线区(任选)
1	停止按钮	直线区(任选)
2	H 传感器	混料罐实验区
3	M 传感器	混料罐实验区
4	L 传感器	混料罐实验区
5	复位按钮	混料罐实验区
输出信号	控制对象及作用	元件或端子位置
0	A 阀门电磁阀	混料罐实验区
1	B 阀门电磁阀	混料罐实验区
2	C 阀门电磁阀	混料罐实验区
3	搅拌电动机	混料罐实验区

5.1.9 传输线控制实验

1. 控制要求

在传输线实验区完成实验。按下启动按钮后,传输带 1 启动;经过 20s 后,传输带 2 启动；再经过 20s 后，传输带 3 启动；再经过 20s 后，卸料阀打开，物料流下经各级传输带向后下方传送进入下料仓。按下停止按钮后，卸料阀关闭，停止卸料；经过 20s 后，传输带 3 停止，再经过 20s 后，传输带 2 停止；再经过 20s 后，传输带 1 停止。传输线启动顺序为顺物流方向，停止顺序为逆物流方向。传输线还可以根据后料仓料位的检测情况自动运行，无料自动启动、料满自动停止。

2. I/O 分配

传输线控制的 I/O 分配如表 5.19 所示。

表 5.19　传输线控制的 I/O 分配

输入信号	信号元件及作用	元件或端子位置
0	启动按钮	直线区（任选）
1	停止按钮	直线区（任选）
2	料欠传感器	传输线实验区
3	料满传感器	传输线实验区
输出信号	控制对象及作用	元件或端子位置
0	卸料电磁阀	传输线实验区
1	传输带 1 动作显示	传输线实验区
2	传输带 2 动作显示	传输线实验区
3	传输带 3 动作显示	传输线实验区

5.1.10　小车自动选向、定位控制实验

1. 控制要求

在直线控制区完成实验。小车行走由滑块动作示意，4 个呼叫按钮位置及编号与 4 个光电开关位置及编号上下对应。当所按下呼叫按钮的编号大于小车所在光电开关位置编号时，小车右行，行走到呼叫按钮对应的光电开关位置后停止；当呼叫按钮的编号小于小车所在光电开关位置编号时，小车左行，行走到呼叫按钮对应的光电开关位置后停止。

2. I/O 分配

小车自动选向、定位控制的 I/O 分配如表 5.20 所示。

表 5.20　小车自动选向、定位控制的 I/O 分配

输入信号	信号元件及作用	元件或端子位置
0	呼叫按钮 1	直线区（内选 1）
1	呼叫按钮 2	直线区（内选 2）
2	呼叫按钮 3	直线区（内选 3）
3	呼叫按钮 4	直线区（内选 4）
4	光电开关 1	直线区（光电开关 1）
5	光电开关 2	直线区（光电开关 2）
6	光电开关 3	直线区（光电开关 3）

续表

输入信号	信号元件及作用	元件或端子位置
7	光电开关 4	直线区（光电开关 4）
8	—	—
9	系统启动按钮	直线区（呼叫按钮 1）
输出信号	控制对象及作用	元件或端子位置
0	电动机停止	
1	电动机正转	直线区正转端子
2	电动机反转	直线区反转端子

5.1.11 电梯控制实验

1. 控制要求

在直线控制区完成实验。电梯为 4 层 4 站，有司机驾驶客梯，轿厢移动由滑块动作示意，开门动作由信号灯指示。其他部分参考下面的电梯控制逻辑关系和表 5.21。

电梯控制逻辑关系如下。

（1）行车方向由内选信号决定，顺向优先执行。
（2）行车途中如遇呼梯信号，顺向响应，反向不响应。
（3）内选信号、呼梯信号具有记忆功能，执行后解除。
（4）内选信号、呼梯信号、行车方向、行车楼层位置均由信号灯指示。
（5）停层时可延时自动开门、手动开门，关门过程中本层顺向呼梯开门。
（6）有内选信号时延时自动关门，关门后延时自动行车。
（7）无内选时不能自动关门。
（8）行车时不能手动开门或本层呼梯开门，开门不能行车。

2. I/O 分配

电梯控制的 I/O 分配如表 5.21 所示。

表 5.21 电梯控制的 I/O 分配

输入信号	信号元件及作用	元件或端子位置
0	内选 1 按钮	直线区（内选 1）
1	内选 2 按钮	直线区（内选 2）
2	内选 3 按钮	直线区（内选 3）
3	内选 4 按钮	直线区（内选 4）
4	1 层上呼梯按钮	直线区（呼梯按钮）
5	2 层上呼梯按钮	直线区（呼梯按钮）
6	3 层上呼梯按钮	直线区（呼梯按钮）
7	2 层下呼梯按钮	直线区（呼梯按钮）
8	3 层下呼梯按钮	直线区（呼梯按钮）
9	4 层下呼梯按钮	直线区（呼梯按钮）

续表

输入信号	信号元件及作用	元件或端子位置
10（并联）	1层光电开关	直线区（1光电开关）
	2层光电开关	直线区（2光电开关）
	3层光电开关	直线区（3光电开关）
	4层光电开关	直线区（4光电开关）
11	手动开门按钮	辅助信号区
输出信号	控制对象及作用	元件或端子位置
0	电动机正转	直线区正转端子
1	电动机反转	直线区反转端子
2	1楼层指示	数码显示区
3	2楼层指示	数码显示区
4	3楼层指示	数码显示区
5	4楼层指示	数码显示区
6	有呼梯信号指示	声光显示区（蜂鸣器）
7	开门状态指示	声光显示区（信号灯）

3. 调试注意事项

（1）本实验接线较多，注意输入、输出信号线一定不要接错或接反，以免增加调试工作量。

（2）因4个光电开关为相互并联接线，引入同一输入信号端子，发生位置错误时，关闭PLC电源，将滑块移至第一光电开关位置，重新开机将内部位置计数器复位，同时将层信号置为一层。

（3）认真检查输入程序。根据执行中出现的错误逻辑现象，判断出错程序段，逐步缩小范围，纠正错误，完成调试。

5.1.12 刀具库管理控制实验

1. 控制要求

在圆盘旋转控制区完成实验。圆盘模拟数控加工中心刀具库，刀具库上有8个位置，表示能存放8把刀具，编号为0～7。圆盘能正、反向旋转，当码盘拨出所需刀具数字编号时，按下启动按钮，即可将码盘数据输入，同时圆盘按就近方向旋转，将所需刀具转到正下方出口处停下。要求动作执行时以就近旋转取出刀具为目的。

例如，8种刀具，若码盘设定值与出口处当前位置值之差不小于4（8/2=4），则反转（顺时针）；反之大于4时，正转（逆时针）。若设定值为6，当前值为1，6-1=5>4，反转；若设定值为7，当前值为5，7-5=2<4，正转；若设定值为0，当前值为3，0-3=-3，结果为负数，则用最大值减去其绝对值，即8-3=5>4，反转。

2. I/O分配

刀具库管理控制的I/O分配如表5.22所示。

表 5.22 刀具库管理控制的 I/O 分配

输入信号	信号元件及作用	元件或端子位置
0	码盘开关 1 位	码盘开关
1	码盘开关 2 位	码盘开关
2	码盘开关 4 位	码盘开关
3	码盘开关 8 位	码盘开关
4	启动按钮	直线区（任选）
5	位置检测开关	旋转区（任选）
6	复位按钮	直线区（任选）
输出信号	控制对象及作用	元件或端子位置
0	电动机正转	旋转区正转端子
1	电动机反转	旋转区反转端子

3. 调试注意事项

（1）选择合适的速度，以免产生丢数情况。

（2）位置发生错误时，关闭 PLC 电源，将转盘 0 位移到最下方，并将码盘置于 0 位。重新通电，将程序中位置计数器复位。

（3）PLC 数据区 DM6650 应该设置为 0102，在通信中断和重新启动时，PLC 仍能进入 RUN 状态。可用 CPT 软件设置系统 DM 区参数。

5.2 欧姆龙 CP1H PLC 高级应用实验

5.2.1 变频器实验

变频器面板功能如表 5.23 所示。变频器参数的设定如图 5.8 所示。

表 5.23 变频器面板功能

图示	名称	功能
8.8.8.8	数据显示部分	显示频率指令值、输出频率数值及参数常数设定值等相关数据
（旋钮 MIN MAX）	频率调节旋钮	通过旋钮设定频率时使用，旋钮的设定范围可在 0 Hz 到最高频率之间变动
RUN·	运转显示	运转状态下 LED 亮灯，运转指令为 OFF 时，LED 在减速过程中闪烁
FWD·	正转显示	正转指令时 LED 亮灯，从正转移至反转时，LED 闪烁
REV·	反转显示	反转指令时 LED 亮灯，从反转移至正转时，LED 闪烁
STOP·	停止显示	停止状态下 LED 亮灯，运转中低于最低输出频率时 LED 闪烁
·	进位显示	在参数等显示中显示 5 位数值的前 4 位时亮灯
⟲	状态键	按顺序切换变频器的监控显示，在参数常数设定过程中按此键跳过功能

续表

图示	名称	功能
↵	输入键	在监控显示的状态下按下此键，进入参数编辑模式；在决定参数设定值时使用。另外，在确认变更后的参数设定值时按下
∨	减少键	减少频率指令、参数常数的数值、参数常数的设定值
∧	增加键	增加频率指令、参数常数的数值、参数常数的设定值
RUN	RUN 键	启动变频器（但仅限于用数字操作器选择操作/运转时）
STOP RESET	STOP/RESET 键	使变频器停止运转（只在参数 n2.01 设定为「STOP 键有效」时停止），变频器发生异常时可作为复位键使用

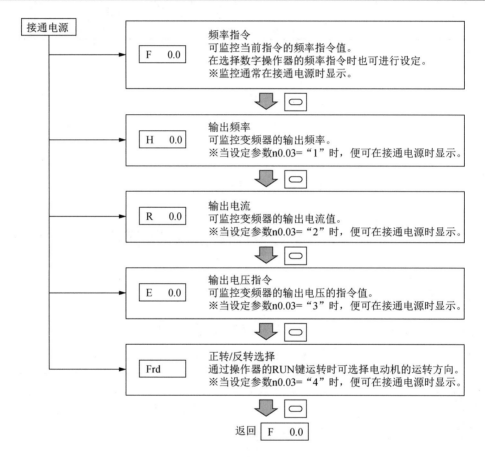

图 5.8　变频器参数的设定

说明：

（1）变频器运行时有些参数不可设置，需要将变频器停止后再设置。

（2）n0.02="9"时可将变频器复位。

（3）变频器某多功能输入参数有时不可设置的原因是：其他的功能输入参数已经设定了该值，无法重复设定。

1. 面板操作实验

1）实验目的

熟悉变频器控制面板布局，掌握菜单操作和参数设置方法。

2）实验内容

变频器的频率指令、运行指令均可通过多种方式进行控制。本实验用面板控制旋钮调速，通过频率指令旋钮控制频率指令，通过 RUN/STOP 键控制变频器运行、停止。

3）实验任务

（1）接线方式。

将电动机接线接至实验板 TD1 变频器右侧交流输出 U、V、W 端。

（2）操作步骤。

① n2.00 表示选择变频器输入频率指令的方法，这里将其设置为 1，意为频率指令旋钮有效。

② n2.01 表示选择变频器运转/停止输入的方法，这里将其设置为 0，意为变频器的 RUN/STOP 键有效。

③ 按下 RUN 键，启动电动机。

④ 调节旋钮改变电动机转速。

⑤ 按下 STOP 键，停止电动机。

⑥ 按下 RUN 键，出现 Frd（正转）或 Rev（反转）时，可通过增加键或减少键来切换正/反转。

⑦ 将 n2.00 参数设置改为 0，表示频率指令通过增加键或减少键来控制，这时旋钮无效。

2. 端子操作实验

1）实验目的

熟悉变频器控制端子布局，掌握外部接线操作和参数设置方法。

2）实验内容

了解端子编号和意义。通过参数设置对各多功能端子进行功能设定，使用控制端子进行正/反转、启动/停止、外部异常、异常复位操作。

3）实验任务

（1）接线方式。

① 将 TS1 面板 24V 负极接至 TD1 面板 24V 负极（即接地），将 TD1 面板 24V 负极接至 TD1 面板变频器 SC 端子（SC 为时序输入公共端，接地）。

② S1 端子、S2 端子、S3 端子、S4 端子分别接至 TS1 面板手动控制按钮。其中，S1 端子表示正转/停止功能，S2 端子表示反转/停止功能，S3 端子表示异常复位功能，S4 端子表示外部异常功能。

注意：电动机运行时不要让连线接触运动滑块。

（2）操作步骤。

① 将 n2.01 参数设置为 1（出厂为 0）。该参数为端子控制模式参数，为 1 时表示远程控

制模式。此时，S1 端子表示正转/停止功能。

② 将 n4.04（S2 端子功能为反转/停止）参数设置为 0（出厂为 0）。

③ 将 n4.05（S3 端子功能为异常复位）参数设置为 5（出厂为 14）。

④ 将 n4.06（S4 端子功能为外部异常）参数设置为 14（出厂为 5）。

（3）操作练习。

① 连接 S1 端子、S2 端子、S3 端子、S4 端子实验电路，变频器通电。

② 接通实验板 S1 开关，电动机正转运行；断开 S1 开关，电动机停止。

③ 接通实验板 S2 开关，电动机反转运行；断开 S2 开关，电动机停止。

④ 电动机运行时可以调节旋钮改变电动机转速。

⑤ 接通实验板 S4 开关，变频器异常报警 LED 显示 EF，停止工作。接通实验板 S3 开关可解除异常报警。

⑥ 通过外部开关 S1~S4，可以正/反转启动、停止电动机，使用旋钮调速。

3. 启停速度选择实验

1）实验目的

熟悉变频器加、减速启停参数设置方法。

2）实验内容

通过参数设定，控制电动机启停速度。

3）实验任务

（1）接线方式。

同"端子操作实验"中的接线方式，这里不再赘述。

（2）操作步骤。

① n2.00 设置为 1，n2.01 设置为 1。

② n2.02 设置为 2，表示指令停止为减速停止，异常停止也为减速停止（为 0 时指令停止为减速停止，异常停止为滑行停止）。

③ 将 n1.10 参数设置为 1.0，代表减速时间为 1s（出厂为 10）。

④ 将 n1.09 参数设置为 1.0，代表加速时间为 1s（出厂为 10）。

⑤ 接通 S1 开关，启动电动机。

⑥ 断开 S1 开关，停止电动机。

⑦ 调节旋钮改变电动机转速，然后启停电动机。

4. 多段速度选择实验

1）实验目的

熟悉变频器多功能端子的外部接线和参数设置方法。

2）实验内容

通过参数设定，用多段速指令，实现 7 段调速。

3）实验任务

（1）接线方式。

① TD1 面板 SC 接 TD1 面板 24V 负极。

② S1~S6 分别接至 TS1 面板手动控制按钮。
③ TS1 面板 24V 负极接 TD1 面板 24V 负极。

（2）操作步骤。

① 将 n2.01 参数设置为 1（出厂为 0）。
② 选择端子控制模式参数（即远程控制模式）。
③ 将 n4.04 参数设置为 0（出厂为 0）。此时，S1 端子表示正转/停止功能，S2 端子表示反转/停止功能。
④ 将 n4.05（S3 端子功能）参数设置为 1（出厂为 14）。
⑤ 将 n4.06（S4 端子功能）参数设置为 2（出厂为 5）。此项在将频率旋钮置于 0 位时才能设定。
⑥ 将 n4.07（S5 端子功能）参数设置为 3（出厂为 1）。
⑦ 将 n4.08（S6 端子功能）参数设置为 4（出厂为 2）。
⑧ 将 n5.00~n5.06 分别设置为不同频率，可以产生 7 段速度值，如 10、15、20、25、30、40、50。

（3）操作练习。

① 连接 S3 端子、S4 端子、S5 端子、S6 端子实验电路，变频器通电。
② 接通实验板 S1 开关，电动机正转运行；断开 S1 开关，电动机停止。
③ 接通实验板 S2 开关，电动机反转运行；断开 S2 开关，电动机停止。
④ 单独接通实验板 S3 开关，电动机以 10Hz 频率旋转。
⑤ 单独接通实验板 S4 开关，电动机以 15Hz 频率旋转。
⑥ 单独接通实验板 S5 开关，电动机以 25Hz 频率旋转。
⑦ 同时接通 S3、S4 开关，电动机以 20Hz 频率旋转。
⑧ S3、S4、S5 都接通，电动机以 50Hz 频率旋转。

其余几种速度请学生自行操作体会。

通过开关 S3、S4、S5、S6 可以改变电动机转速，共有 7 种不同的速度。频率调节旋钮无效。通过开关 S1 和 S2 可以启停电动机，控制电动机正/反转。多段速频率指令设定如表 5.24 所示。

表 5.24 多段速频率指令设定

参数	寄存器（Hex）	名称	说明					设定范围	设定单位	出厂设定	运转中更改
n5.00	0500	频率指令 1	设定内部频率指令。					0.00～600.0	0.01Hz	0.00	○
n5.01	0501	频率指令 2	※内部频率指令在多功能输入（n4.05~n4.08）中设定多段速指令（设定值 01、02、03）后选择							0.00	○
n5.02	0502	频率指令 3	频率指令	多段速指令 1（设定值：01）	多段速指令 2（设定值：02）	多段速指令 3（设定值：03）	多段速指令 4（设定值：04）			0.00	○
n5.03	0503	频率指令 4	频率指令的选择（n2.00）	×	×	×	×			0.00	○
n5.04	0504	频率指令 5	频率指令 1	○	×	×	×			0.00	○
n5.05	0505	频率指令 6	频率指令 2	×	○	×	×			0.00	○

续表

参数	寄存器（Hex）	名称	说明					设定范围	设定单位	出厂设定	运转中更改
n5.06	0506	频率指令7	频率指令3	○	○	×	×	0.00～600.0	0.01Hz	0.00	○
			频率指令4	×	×	○	×				
			频率指令5	○	×	○	×				
			频率指令6	×	○	○	×				
			频率指令7	○	○	○	×				
			※ "○"表示输入状态（a 接点为 ON）、"×"表示未输入状态（a 接点为 OFF）								

5.2.2 A/D、D/A 实验

1. 实验目的

（1）了解 PLC 和变频器的模拟量输入与输出。

（2）学会使用模拟输入频率指令。

2. 实验内容

1）接线方式

（1）TY1 面板 24V 正极接至 TD1 面板 24V 正极。

（2）TD1 面板 24V 负极接 GND。

（3）模拟量输入 AD：AD+接至 TS3 双电位器的+24V，AD−接至 TS3 双电位器的"0～10V"。

（4）模拟量输出 DA：VOUT 接至 TD1 面板 A1，COM1 接至 TD1 面板 AC。

（5）TS3 面板双电位器 0V 接至 TD1 面板 24V 负极，双电位器+24V 接至 TD1 面板 24V 正极。

2）变频器参数设置

（1）n2.00 参数设置为 2，表示频率指令输入 A1 端子有效（输入电压 0～10V）。

（2）n2.01 参数设置为 0。

3）CX-Programmer 设置

打开"设置"对话框，设置 AD 和 DA 均为电压信号，范围为 0～10V，设置完后传送到 PLC，并将 PLC 重启后方能生效。

4）梯形图

调试梯形图如图 5.9 所示。选择"视图"→"窗口"→"查看"命令，可以打开查看窗口，如图 5.10 所示。

5）操作

打开"查看"窗口，添加要查看的地址 200 和 210 通道，如图 5.11 所示。调节电位器，观察变频器频率，查看地址 200 和 210 通道数据的变化。

图 5.9　调试梯形图

图 5.10　打开"查看"窗口

图 5.11　地址查看窗口（一）

5.2.3　变频器与编码器控制实验

1. 实验目的

（1）了解 PLC 高速计数器的设置及使用方法。
（2）了解编码器的使用方法。

2. 实验内容

1）接线方式

（1）编码器接线。

① RED +V 接至 TD1 面板 24V 正极。

② BLACK 0V 接至 TD1 面板 24V 负极。

③ GREEN A 接至 TY1 面板 PLC 输入信号 0CH09。

④ WHITE B 接至 TY1 面板 PLC 输入信号 0CH08。

（2）PLC 接线。

① 24V 正极接至 TD1 面板 24V 正极。

② GND 接至 TD1 面板 24V 负极。

③ 输入信号 0CH00 接至 TS1 面板手动控制按钮。

④ 输入信号 COM 接至 TD1 面板 24V 正极。

⑤ 继电器输出 COM 接至 TD1 面板 5V 正极。

⑥ 继电器输出 101CH00、101CH01、101CH02 接至 TS1 面板 3 个 LED 输出指示灯。

（3）TS1 面板接线。

① 5V 负极接至 TD1 面板 5V 负极。

② 24V 负极接至 TD1 面板 24V 负极。

2）设置

打开设置界面，选中"使用高速计数器 0"复选框，计数模式采用"线性模式"，复位方式采用"软件重启（比较）"，脉冲输入采用"脉冲+方向输入模式"。

3）变频器参数

（1）n2.00 设置为 1。

（2）n2.01 设置为 0。

4）操作

选择"视图"→"窗口"→"查看"命令，打开查看窗口，添加要查看的地址 A270、A271、A531 通道，如图 5.12 所示。启动变频器，观察 A270、A271 通道高速计数器数值的变化。

图 5.12　地址查看窗口（二）

5.2.4 高速计数器应用控制实验

1. 实验目的

学会使用 CTBL 指令。

2. 实验内容

利用高速计数器目标值中断，依次点亮 LED 灯。
1）接线方式
同 5.2.3 节的接线，这里不再赘述。
2）梯形图
根据高速计数器的值依次点亮 LED 灯，主程序梯形图如图 5.13 所示。

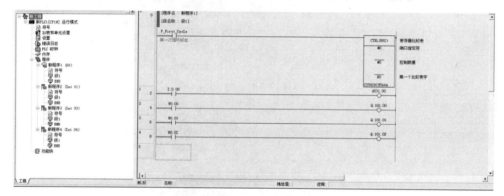

图 5.13 主程序梯形图

中断程序 INT01 梯形图如图 5.14 所示。

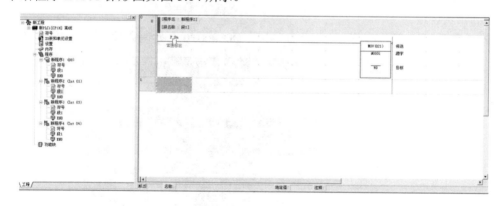

图 5.14 中断程序 INT01 梯形图

中断程序 INT03 梯形图如图 5.15 所示。
中断程序 INT04 梯形图如图 5.16 所示。

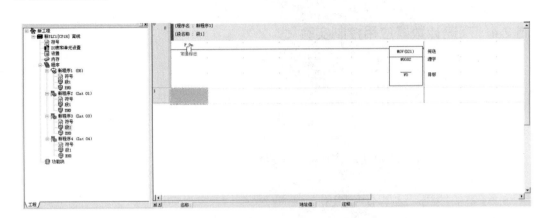

图 5.15　中断程序 INT03 梯形图

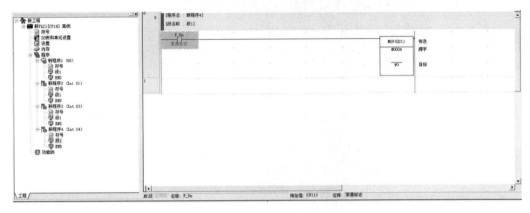

图 5.16　中断程序 INT04 梯形图

将编辑好的程序下载至 PLC。

3）比较表设定

双击"内存",打开内存窗口,在"D"中从 D00000+0 开始写入比较表,如图 5.17 所示。

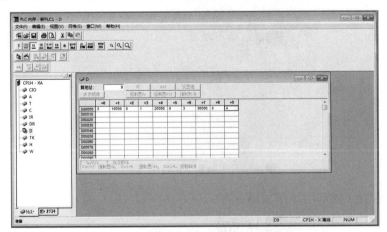

图 5.17　写入比较表

设置完成后下载到 PLC。

下载到 PLC 的方法：先在主界面中将 PLC 的操作模式设置为编程，再从 PLC 内存界面中选择"在线"→"传送 PLC"命令。

4）操作

启动变频器，观察高速计数器当前值 A270、A271，当计数达到 10 000、20 000、30 000 时分别点亮 3 个 LED 灯。

5.2.5 运动控制实验

1. 实验目的

（1）学会使用 PLC 脉冲输出指令。
（2）了解伺服驱动器的参数设定方法。

2. 实验内容

1）接线方式

（1）PLC TY1 面板。

① +24V 接至 TD1 面板 24V 正极。
② GND 接至 TD1 面板 24V 负极。
③ 输入信号 0CH00 接至 TS1 面板手动控制按钮。
④ 输入信号 0CH01 接至 TS1 面板手动控制按钮。
⑤ 输入信号 0CH02 接至 TS1 面板手动控制按钮。
⑥ 输入信号 0CH03 接至 TS1 面板手动控制按钮。
⑦ 输入信号 COM 接至 TD1 面板 24V 正极。
⑧ 输出信号晶体管 100CH00 接至 TS3 面板指令脉冲输入 PULS2。
⑨ 输出信号晶体管 100CH02 接至 TS3 面板指令脉冲输入 SIGN2。
⑩ 输出信号晶体管 COM 接至 TD1 面板 5V 负极。

（2）TS3 面板。

① COM+（左）接至 TD1 面板 24V 正极。
② COM-（左）接至 TD1 面板 24V 负极。
③ 指令脉冲输入 PULS1 接至 TD1 面板 5V 正极。
④ 220V 交流电 L 接至 TD1 面板 220V 交流电 L。
⑤ 220V 交流电 N 接至 TD1 面板 220V 交流电 N。
⑥ U、V、W、PE 接至伺服电动机，按颜色接线即可，PE 勿接错。

（3）TS1 面板。

24V 负极接至 TD1 面板 24V 负极。

2）伺服驱动器参数设定

① 伺服驱动器的脉冲输出形式须与 PLC 指令（如 SPED、PLS2）的脉冲输出方式一致才能正常工作。
② Pr0.07：脉冲输出形式设定，当其为 3 时为脉冲+方向形式。
③ Pr0.08：电子齿轮比，指电动机每旋转一次的指令脉冲数，出厂设定为 10000。

3）操作

更改 SPED、PULS、ACC 指令的各个参数，观察电机速度、方向、加/减速时间的变化。

第 6 章

单片机实验

为了达到因材施教的教学目的，本章给学生提供一个能力展示的舞台。本章每一部分实验均安排若干具体内容，学生可以根据自己的能力和喜好进行选择。在进行成绩评定时，教师可以从实验的内容和数量两方面进行考核。

实验项目选定的主要依据包括两方面：教学计划对学生工程实践能力的培养要求及现有的实验设备条件。

实验项目应达到的教学要求如下。
（1）了解单片机开发环境，能熟练运用 Keil 开发软件调试汇编语言程序。
（2）了解单片机 I/O 口，掌握输出口应用程序设计方法。
（3）了解键盘扫描原理及数码显示原理，掌握键盘扫描、数码显示程序设计方法。
（4）了解中断、定时器的工作原理，掌握定时器中断应用程序设计方法。
（5）了解 A/D、D/A 转换原理，掌握 A/D、D/A 应用程序设计方法。

各实验项目对学生的具体要求如下。
（1）参加实验的学生在实验课前做好实验的预习，并做好相关实验的程序编写工作。
（2）在实验的过程中，听从实验指导教师的安排和要求，遵守实验室的各种规章制度，爱护实验设备，独立完成各项实验任务，禁止做与实验无关的事情。
（3）对于实验设备，在使用前要仔细地进行检查，实验做完后要及时切断电源，将实验台整理摆放好，发现丢失或损坏应立即报告。
（4）在离开实验室前，要主动要求指导教师查验实验设备，并由指导教师在实验数据的记录纸上签字，以确保设备的完好，检查在实验室内应完成的实验任务。
（5）实验课后，要独立地对实验结果进行分析，认真填写实验报告，并按要求及时递交实验报告，禁止任何抄袭行为。

6.1 熟悉开发环境

根据实验要求了解单片机开发环境，熟悉 Keil 开发软件调试汇编语言程序的方法。

6.1.1 Keil 软件简介

Keil 软件是较流行的开发 51 系列单片机程序的软件，支持 C 语言、汇编语言。Keil 提供了包括 C 编译器、宏汇编、连接器、库管理和一个功能强大的仿真调试器等在内的完整开发方案，并通过一个 μVision 将这些部分组合在一起，其在 Windows 操作平台运行，界面友好、易学易用。无论用户使用汇编语言还是使用 C 语言编程，其方便易用的集成环境、强大的软件仿真调试工具都会令程序开发事半功倍。

1. Keil μVision IDE 的安装

Keil μVision IDE 的安装方法与其他软件的安装方法相同，安装过程比较简单：运行 Keil μVision IDE 的安装程序 SETUP.EXE，按默认的安装目录或设置新的安装目录将 Keil μVision IDE 软件安装到计算机上，同时在桌面建立一个快捷方式图标。

2. Keil μVision IDE 界面

本章以 Keil μVision2 为例介绍该软件。双击桌面上的 Keil μVision2 图标，打开主界面，如图 6.1 所示。Keil μVision2 主界面包括工作空间、编辑窗口和输出窗口等部分。工作空间包括三个选项卡，即 Files、Regs 和 Books。"Files"选项卡允许用户管理当前项目的各种源文件。

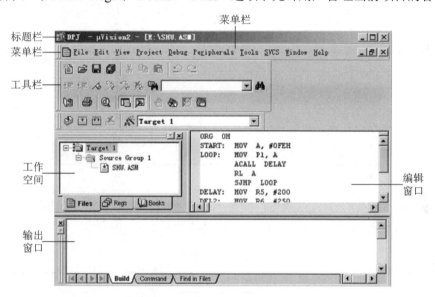

图 6.1　Keil μVision2 主界面

在主界面可以建立工程项目文件，编写源程序，编译、连接产生可执行 HEX 文件及进行程序调试。

主界面标题栏下面是菜单栏，菜单栏下面是工具栏。菜单栏提供多个菜单项，如 File 菜单、Edit 菜单、View 菜单、Project 菜单、Debug 菜单、Peripherals 菜单等。工具栏提供常用的按钮，用于快速执行 Keil μVision IDE 命令。

下面列出了 Keil μVision IDE 程序开发中常用的菜单及其命令、默认的快捷键及它们的功能描述。

1）File 菜单

File 菜单包括常用的文件功能，如新建文件、打开文件、保存文件、关闭文件、文件另存为、保存所有文件，也包括打印、打印预览，以及退出 Keil μVision，如表 6.1 所示。

表 6.1 File 菜单

命令	快捷键	功能描述
New	Ctrl+N	创建新文件
Open	Ctrl+O	打开已有文件
Close	—	关闭当前文件
Save	Ctrl+S	保存当前文件
Save As	—	文件另存为
Save All	—	保存所有文件
Print	Ctrl+P	打印当前文件
Print Preview	—	打印预览
Exit	—	退出 μVision2

2）Edit 菜单

Edit 菜单包括常用的编辑文本命令，如撤销/恢复操作，剪切、复制、粘贴文本，如表 6.2 所示。

表 6.2 Edit 菜单

命令	快捷键	功能描述
Undo	Ctrl+Z	撤销上次操作
Redo	Ctrl+Shift+Z	恢复上次操作
Cut	Ctrl+X	剪切选取文本
Copy	Ctrl+C	复制选取文本
Paste	Ctrl+V	粘贴文本

3）View 菜单

View 菜单包括常用的显示/隐藏窗口命令，如显示/隐藏项目窗口、输出窗口、反汇编窗口、堆栈窗口、存储器窗口、串口窗口等，如表 6.3 所示。

表 6.3 View 菜单

命令	功能描述
Project Window	显示/隐藏项目窗口
Output Window	显示/隐藏输出窗口
Disassembly Window	显示/隐藏反汇编窗口
Watch & Call Stack Window	显示/隐藏观察和堆栈窗口
Memory Window	显示/隐藏存储器窗口
Code Coverage Window	显示/隐藏代码报告窗口
Serial Window #1	显示/隐藏串口窗口 1
Serial Window #2	显示/隐藏串口窗口 2
Periodic Window Update	程序运行时刷新调试窗口

4）Project 菜单

Project 菜单包括常用的项目命令，如新建项目、打开项目、关闭项目、选择对象 CPU、编译文件、停止编译过程，如表 6.4 所示。

表 6.4　Project 菜单

命令	快捷键	功能描述
New Project	—	创建新项目
Open Project	—	打开已存在项目
Close Project	—	关闭当前项目
Select Device for Target	—	选择对象 CPU
Options for Targets	—	修改目标选项
Build Target	F7	编译文件
Rebuild Target	—	重新编译文件
Stop Build	—	停止编译过程

5）Debug 菜单

Debug 菜单包括常用的调试命令，如开始/停止调试、全速运行、单步执行、停止运行、设置/取消断点等，如表 6.5 所示。

表 6.5　Debug 菜单

命令	快捷键	功能描述
Start/Stop Debug Session	Ctrl+F5	开始/停止调试
Go	F5	全速运行程序
Step Into	F11	单步执行，遇到子程序则进入
Step Over	F10	单步执行，跳过子程序
Step Out of Current Function	Ctrl+F11	执行到当前函数的结束
Run to Cursor Line	—	运行到光标行
Stop Running	Esc	停止程序运行
Breakpoints	—	打开断点对话框
Insert/Remove Breakpoint	—	设置/取消当前行的断点
Enable/Disable Breakpoint	—	使能/禁止当前行的断点
Disable All Breakpoints	—	禁止所有的断点
Kill All Breakpoints	—	取消所有的断点
Show Next Statement	—	显示下一条指令

6）Peripherals 菜单

使用 Peripherals 菜单命令可方便地观察中断、I/O 口、串行口、定时器寄存器的状态，如表 6.6 所示。

表 6.6　Peripherals 菜单

命令	功能描述
Reset CPU	复位 CPU
Interrupt	中断系统 SFR 状态
I/O-ports	I/O 口 SFR 状态
Serial	串口 SFR 状态
Timer	定时器 SFR 状态

6.1.2 Keil 软件使用方法

本节通过一个具体例子说明 Keil 软件的使用方法。

1. 建立项目

选择"Project"→"New Project"命令，弹出"Create New Project"对话框，如图 6.2 所示。选择新建项目文件的位置，输入新建项目文件的名称，单击"保存"按钮，弹出如图 6.3 所示的"Select Device for Target 'Target 1'"对话框，用户可以根据所选择的单片机型号选择 CPU。Keil μVision IDE 支持大多数 51 核心的单片机，并以列表的形式给出。选择芯片后，在右边的"Description"（描述）列表框中将同时显示所选芯片的相关信息，以供用户参考。本例选择 Atmel 公司的 AT89C51，单击"确定"按钮，完成项目的建立。

图 6.2 新建项目

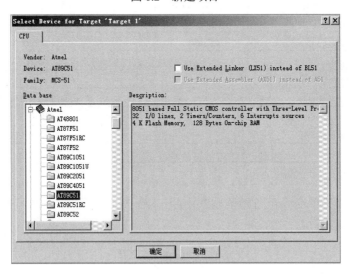

图 6.3 选择单片机类型

2. 创建文件

创建文件的具体步骤如下。

1）选择"New"命令

在项目主界面选择"File"→"New"命令，如图 6.4 所示。

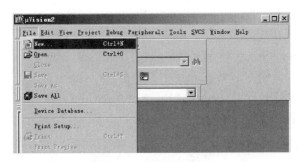

图 6.4　选择"New"命令

2）打开编辑窗口

打开如图 6.5 所示的 Text3 编辑窗口，此时可在 Text3 中编写汇编语言或 C 语言程序。

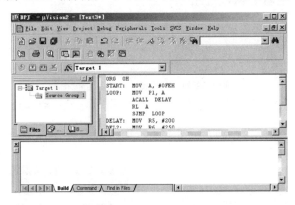

图 6.5　在 Text3 中编写源程序

3）保存文件

选择"File"→"Save As"命令，弹出如图 6.6 所示的"Save As"对话框，输入文件名并保存在设定的目录中。假设目录设置为 E:\，输入的文件名为 SHU.ASM。须注意的是，文件名可由用户自行确定，且不区分大小写，但扩展名必须是.ASM。设置完成后单击"保存"按钮即可。

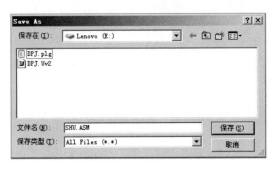

图 6.6　选择目录及输入文件名

3．向项目中添加源程序

向项目中添加源程序的具体步骤如下。

(1) 在工作空间中单击"Target 1"前面的"+"号,将其展开,选择"Source Group1"并右击,在弹出的快捷菜单中选择"Add Files to Group 'Source Group 1'"命令,如图 6.7 所示。

(2) 弹出"Add Files to Group 'Source Group 1'"对话框,如图 6.8 所示。在"文件类型"下拉列表中选择文件类型。例如,要在项目中添加前面已经建立好的文件 SHU.ASM,先在"文件类型"下拉列表中选择"Asm Sourse file (*.a*;*.src)"选项,然后输入文件名,再单击"Add"按钮,即可将文件加载到项目中,如图 6.9 所示。

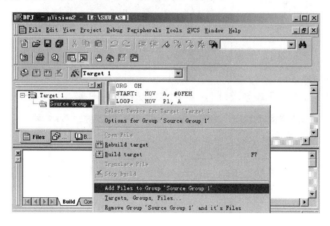

图 6.7 选择添加程序命令

图 6.8 "Add Files to Group 'Source Group 1'"对话框   图 6.9 源程序文件已加入项目

4. 文件的编译、连接

将源程序文件添加到项目文件中,程序文件已经建立并且存盘后,就可以进行编译、连接,形成目标文件。

选择"Project"→"Built All Target"命令(或"Built Target"命令),即可进行编译。编译时,如果程序有错,则编译不成功,并在信息窗口给出相应的出错提示信息,以便用户进行修改。修改后要再次进行编译、连接,这个过程可能重复多次。如果程序没有错误,则编译、连接成功,并且在输出窗口给出提示信息:"DPJ"– 0 Error(s),0 Warning(s),如图 6.10 所示。

5. 仿真器的选择

Keil μVision 内设有调试仿真器。在工作空间中选择"Target 1"并右击,在弹出的快捷菜单中选择"Options for Target 'Target 1'"命令,如图 6.11 所示,弹出"Options for Target 'Target 1'"对话框,如图 6.12 所示。系统默认是"Use Simulator"(软件仿真),如果需要进行硬件仿真,则选中"Use"单选按钮,在其后下拉列表中选择"Keil Monitor-51 Driver"选项。

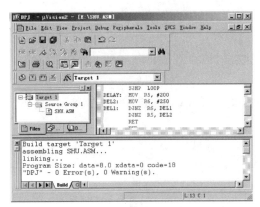

图 6.10 程序的编译、连接

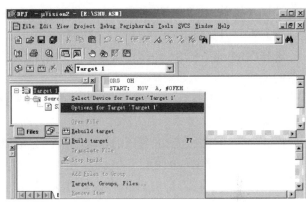

图 6.11 选择"Options for Target 'Target 1'"命令

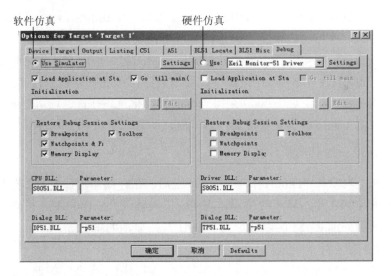

图 6.12 "Options for Target 'Target 1'"对话框

6. 程序的调试

程序调试的一般步骤如下。

1) 进入调试仿真状态

选择"Debug"→"Start/Stop Debug Session"命令,进入调试界面。其中,Peripherals 为外部器件菜单,在工具栏内有开始/停止调试图标,左侧会出现 8051 内部主要的寄存器,如 r0~r7、a、dptr、PC 等,右侧为程序调试窗口。

2）打开外部控制的特殊功能寄存器观察窗口

选择 Peripherals 菜单的各种命令，可以打开外部控制的特殊功能寄存器（special functional register，SFR）观察窗口，以便调试时观察内部寄存器值的变化。其中，Interrupt 为中断 SFR 观察窗口，I/O-Ports 为 I/O 口 SFR 观察窗口，Serial 为串行口 SFR 观察窗口，Timer 为定时器 SFR 观察窗口。

3）调试程序

调试开始前，从 SFR 观察窗口中可看到各寄存器的初始值。下面以 Parallel Ports1 为 FFH，光标指向程序开始处为例，介绍程序的调试。

选择"Debug"→"Step into"命令，单步执行程序，执行时注意观察寄存器和 Parallel Ports1 数值的变化。

本例中不用观察存储器单元的变化，如果开发的程序需要观察存储器单元的状态，还需要调出存储器窗口。

Keil μVision IDE 把 51 内核的存储器资源分成以下 4 个区域。

（1）程序存储器（ROM）区 code：IDE 表示为"C:××××"。

（2）内部可直接寻址 RAM 区 data：IDE 表示为"D:××"。

（3）内部间接寻址 RAM 区 idata：IDE 表示为"I:××"。

（4）外部 RAM 区 xdata：IDE 表示为"X:××××"。

这 4 个区域都可以在 Keil μVision IDE 的存储器窗口中观察和修改。该窗口中可以显示 4 个不同的存储器区域，单击窗口下面的编号，可以切换显示各存储器区域。

在存储器窗口的地址栏内输入要显示的存储器区域的起始地址，即可观察其内容。例如，在地址栏输入"C:0000H"，按<Enter>键后，在存储器窗口可观察到程序存储器 ROM 区以地址为 0000H 开始显示的单元。C:0×0000 是每一行的行首地址，行首地址可随着存储单元个数的变化而变化。存储单元内部就是存储的内容，默认的显示形式为十六进制。

注意： 0x 表示十六进制。

同理，在地址栏内输入"D:00H"，按<Enter>键后，在存储器窗口看到的是内部可直接寻址 RAM 区以地址为 00H 开始显示的单元。在地址栏内输入"X:1000H"，按<Enter>键后，在存储器窗口看到的是外部 RAM 区以地址为 1000H 开始显示的单元。

4）各运行命令的区别

在调试界面的 Debug 菜单下，系统提供了几种不同的运行命令，如表 6.5 所示。各运行命令的区别如下。

（1）Go：全速运行程序。一般在硬件仿真中常用"Go"命令，软件仿真中一般不用此命令。

（2）Step Into：单步运行程序，如果遇到子程序可进入子程序调试。在调试过程中常用此命令，以便于查找并改正错误。

（3）Step Over：单步运行程序，如果遇到调用子程序指令，不会进入子程序内部单步执行，而是将整个子程序一次执行完，即将整个子程序作为一步，只在主程序中单步执行每一条指令。

（4）Stop running：停止运行程序。当全速运行程序时，如果想停止程序运行则使用此命令。

6.1.3 实验程序

在熟悉编程软件 Keil 的基础上，编写以下几个程序。

首先进入 Keil 开发环境，输入相应的程序，然后编译、运行，查看结果是否正确。

（1）指定存储器中某数据块的起始地址和长度，要求能将其内容置 1。

本程序帮助学生了解单片机是如何读写存储器的，同时也可以使学生了解单片机编程、调试的方法，以及将存储器块的内容置成某固定值（如全填充为#0FFH）的方法。请学生编写程序，完成此操作。

（2）将一个给定的二进制数转换成十进制（BCD 码）。

本程序涉及计算机中数值的各种表达方法，这是计算机科学的基础内容。掌握各种数制之间的转换是一种基本功，有兴趣的学生可以试试将 BCD 码转换成二进制码。请学生编写程序，完成此操作。

（3）给出一个十六进制数，将其转换成 ASCII 码值。

本程序主要是让学生了解十六进制数值和 ASCII 码的区别。利用查表功能可快速地进行数值转换，进一步了解数值的各种表达方式。请学生编写程序，完成此操作。

（4）将指定源地址和长度的存储块移到指定目标位置。

块移动是计算机常用的操作之一，多用于大量的数据复制和图像操作。本程序是给出起始地址，用地址加 1 的方法移动块。请学生编写程序，完成此操作。

请思考给出块结束地址，用地址减 1 的方法移动块的算法。另外，若源地址和目标块地址有重叠，该如何完成移动？

（5）在多分支结构的程序中，能够按调用号执行相应的功能，完成指定操作。

多分支结构是程序中常见的结构，若给出调用号来调用子程序，一般用查表方法，查到子程序的地址，转到相应子程序。请学生编写程序，完成此操作。

（6）给出一组随机数，将此组数据有序排列。

有序的数列更有利于查找。本程序用的是冒泡排序法，算法是将一个数与后面的数相比较，如果比后面的数大，则交换。如此将所有的数比较一遍后，最大的数就会在数列的最后面。再进行下一轮比较，找出第二大数据，直到全部数据有序。请学生编写程序，完成此操作。

6.2 I/O 口应用实验

根据实验要求了解单片机 I/O 口，掌握输出口应用程序设计方法。

6.2.1　P1口使用实验

1. 实验目的

（1）学习P1口的使用方法。
（2）学习延时子程序的编写和使用方法。

2. 实验设备

CPU挂箱、8031 CPU模块等。

3. 实验内容

（1）P1口作为输出口，接8个LED，编写程序，使LED循环点亮。
（2）P1口作为输入口，接8个按钮，以实验箱上的74LS273作为输出口，编写程序读取开关状态，在LED上显示出来。

4. 实验原理

P1口为准双向口，P1口的每一位都能独立地定义为输入位或输出位。P1口作为输入位时，必须向锁存器相应位写入1，该位才能作为输入。8031中所有口在锁存器复位时均置为1。

请思考按要求编好程序并调试成功后，可将P1口锁存器中置0，此时将P1口作为输入口，会有什么结果。

延时程序的实现有两种常用的方法：一是用定时器中断来实现，二是用指令循环来实现。在系统时间允许的情况下可以采用后一种方法。

本实验系统的晶振频率为6.144MHz，则一个机器周期为（12÷6.144）μs，即（1÷0.512）μs。现要写一个延时0.1s的程序，具体如下。

```
          MOV  R7,#X           ;(1)
   DEL1:  MOV  R6,#200         ;(2)
   DEL2:  DJNZ R6,DEL2         ;(3)
          DJNZ R7,DEL1         ;(4)
```

上面MOV、DJNZ指令均需两个机器周期，所以每执行一条指令需要（1÷0.256）μs，求出 X 值：

$$1÷0.256+X(1÷0.256 + 200×1÷0.256 + 1÷0.256)=0.1×10^6(\mu s)$$

　　　　↑　　　　↑　　　　　↑　　　　　↑
　　　指令1　　指令2　　　指令3　　　指令4
　　所需时间　所需时间　所需时间　所需时间

$$X = (0.1×10^6 - 1÷0.256)/(1÷0.256 + 200×1÷0.256 + 1÷0.256) ≈ 127D = 7FH$$

经计算得 $X=127$。代入上式可知实际延时时间约为0.100215s，已经很精确了。

实验原理图如图6.13~图6.15所示。

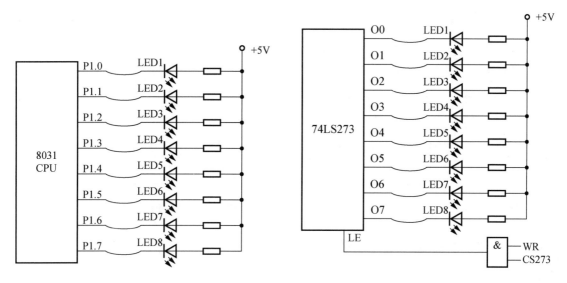

图 6.13 P1 口输出实验原理图　　　　图 6.14 P1 口输入实验原理图（一）

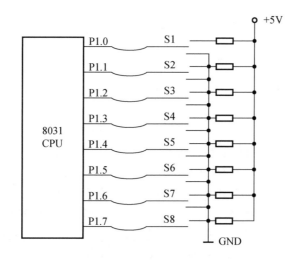

图 6.15 P1 口输入实验原理图（二）

5. 实验步骤

（1）P1.0～P1.7 接 LED1～LED8。执行程序实现 P1 口输出。

（2）P1.0～P1.7 接平推开关 S1～S8；74LS273 的 O0～O7 接 LED1～LED8，片选端 CS273 接 CS0（由程序所选择的入口地址而定，与 CS0～CS7 相应的片选地址分别为 0CFA0H、0CFA8H、0CFB0H、0CFB8H、0CFC0H、0CFC8H、0CFD0H、0CFD8H；以后不再赘述）。执行程序实现 P1 口输入。

程序流程图如图 6.16 和图 6.17 所示。

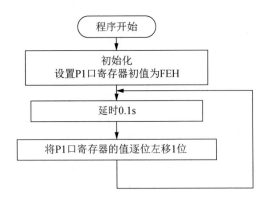
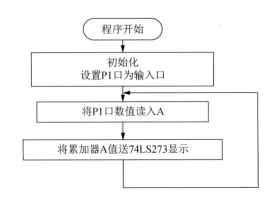

图 6.16 循环点亮 LED 程序流程图　　　　图 6.17 LED 显示 P1 口的状态程序流程图

6.2.2　P1 口输入、输出实验

1．实验目的

（1）学习 P1 口既作输入口又作输出口的使用方法。
（2）学习数据输入、输出程序的设计方法。

2．实验设备

CPU 挂箱、8031CPU 模块等。

3．实验原理

P1 口的使用方法在此不再赘述。有兴趣的学生可以将本实验涉及的指令"SETB P1.0,SETB P1.1"中的"SETB"改为"CLR"，看看会有什么结果。

另外，许多关于单片机原理的参考书中（如《单片机原理及其接口技术》，胡汉才主编，清华大学出版社，见第 3 章的例 16）给出了一种 N 分支程序设计的常用方法，该方法利用了 JMP @A+DPTR 的计算功能，实现转移。该方法的优点是设计简单、转移表短，但构成转移表的程序段加上各个程序长度必须小于 256 字节。实验原理图如图 6.18 所示。

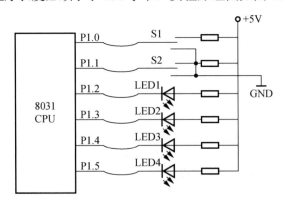

图 6.18　P1 口输入、输出实验

4. 实验步骤

（1）平推开关的输出 S1 接 P1.0，S2 接 P1.1。

（2）LED 的输入 LED1 接 P1.2，LED2 接 P1.3，LED3 接 P1.4，LED4 接 P1.5。

（3）运行实验程序。S1 为左转弯开关，S2 为右转弯开关。LED3、LED4 为右转弯灯，LED1、LED2 为左转弯灯。

结果显示：

（1）S1 接高电平、S2 接低电平时，右转弯灯（LED3、LED4）灭，左转弯灯（LED1、LED2）以一定频率闪烁。

（2）S2 接高电平、S1 接低电平时，左转弯灯（LED1、LED2）灭，右转弯灯（LED3、LED4）以一定频率闪烁。

（3）S1、S2 同时接低电平时，LED 全灭。

（4）S1、S2 同时接高电平时，LED 全亮。

程序流程图如图 6.19 所示。

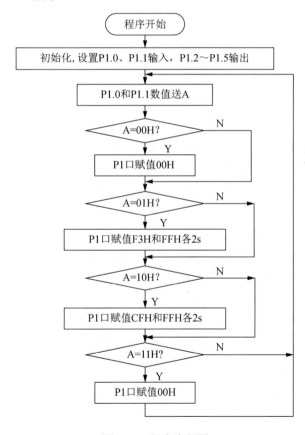

图 6.19　程序流程图

6.3 键盘及数码管显示应用实验

根据实验要求了解键盘扫描原理、数码管显示原理,掌握键盘应用及数码管显示程序设计方法。

6.3.1 行反转法管理键盘实验

1. 实验目的

(1) 掌握 8255 芯片的编程原理。
(2) 了解键盘电路的工作原理。
(3) 掌握键盘接口电路的编程方法。

2. 实验设备

(1) 单片机 CPU 挂箱、接口挂箱、对象挂箱。
(2) CPU 模块(80C3D)、8251/8255 扩展模块、LED/数码管/键盘模块。

3. 实验原理

(1) 识别键的闭合,通常采用行扫描法和行反转法。本实验采用的是行反转法。

用行反转法识别键闭合时,要将行线连接某一并行口,先让它工作于输出方式,将列线也接到一个并行口,让它工作于输入方式。程序使 CPU 通过输出口给各行线上全部送低电平信号,然后读入列线的值,若此时有键按下,则必定会使某一列线值为 0。程序对两个并行口进行方式设置,使行线工作于输入方式,列线工作于输出方式,并将刚才读得的列线值从列线所接的并行口输出,再读取行线上的输入值,那么,在闭合键所在的行线上的值必定为 0。这样,当一个键按下时,必定可以读得一对唯一的行线值和列线值。

(2) 设计程序时,要学会灵活地对 8255 芯片的各接口进行方式设置。

(3) 设计程序时,可将各键对应的键值(行线值、列线值)放在一个表中,将要显示的 0~F 字符放在另一个表中,通过查表来确定按下的是哪一个键并正确显示出来。

利用实验箱上的 8255 可编程并行接口芯片和矩阵键盘,编写行扫描程序,做到在键盘上每按一个数字键(0~F),用 LED 将该代码显示出来。

行反转法管理键盘实验原理图如图 6.20 所示。

4. 实验步骤

8255 芯片的片选信号 8255CS 接 CS0,将键盘 RL10~RL17 接 8255 芯片的 PB0~PB7,KA10~KA12 接 8255 芯片的 PA0~PA2,PC0~PC7 接的 LED1~LED8,编写程序完成实验。

行反转法管理键盘实验程序流程图如图 6.21 所示。

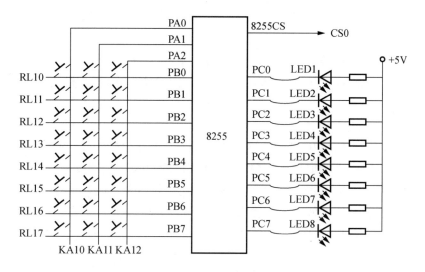

图 6.20 实验原理图

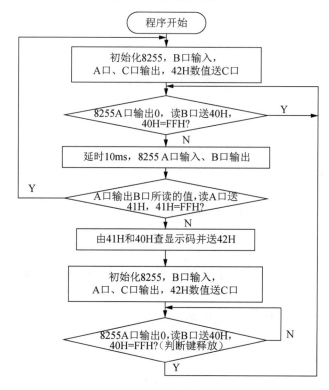

图 6.21 行反转法管理键盘实验程序流程图

6.3.2 扫描法扩展键盘实验

1. 实验目的

（1）学习 8255 芯片的结构及编程方法。
（2）掌握行列式键盘接口电路的编程方法。

2. 实验设备

(1) 单片机 CPU 挂箱、接口挂箱、对象挂箱。

(2) CPU 模块（80C31）、8251/8255 扩展模块、LED/数码管/键盘模块。

3. 实验原理

PA 口连接键盘的列线，PB 口连接键盘的行线，通过行扫描法或行反转法识别键的闭合（实验程序采用行扫描法）。读取键值，并在 CPU 模块的数码管上显示。

行扫描法是这样一种方法：先使键盘上某一行线为低电平，而其余行接高电平，然后读取列值，如所读列值中某位为低电平，表明有键按下，否则扫描下一行，直到扫描完所有行。

扫描法扩展键盘实验原理图如图 6.22 所示。

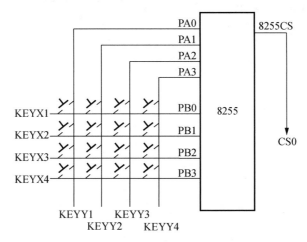

图 6.22 扫描法扩展键盘实验原理图

4. 实验步骤

(1) 实验连线：8255 芯片的 PA0～PA3 接开关 KEYY1～KEYY4，PB0～PB3 接 KEYX1～KEYX4，8255CS 接 CS0。

(2) 运行实验程序，按动键盘，观察数码管的显示变化。

5. 实验结果

按动键盘时，数码管上显示出该键所在的行列号，如"12"表示第一行第二列。

扫描法扩展键盘实验程序流程图如图 6.23 所示。

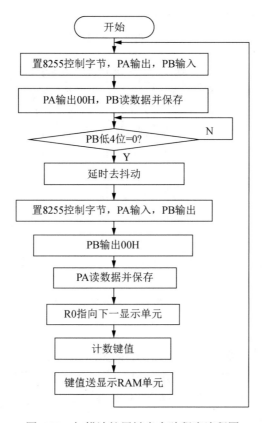

图 6.23 扫描法扩展键盘实验程序流程图

6.3.3 数码管显示实验

1. 实验目的

（1）进一步掌握定时器的使用和编程方法。
（2）了解七段数码管显示数字的原理。
（3）掌握用一个段锁存器和一个位锁存器同时显示多位数字的技术。

2. 实验设备

CPU 挂箱、8031 CPU 模块。

3. 实验原理

本实验采用动态显示。动态显示即一位一位地轮流点亮显示器的各个位（扫描）。将 8031CPU 的 P1 口作为一个位锁存器使用，74LS273 作为段锁存器。数码管显示实验原理图如图 6.24 所示。

4. 实验内容

利用定时器 1 定时中断，控制电子钟走时。利用实验箱上的 6 个数码管显示分、秒，做成一个电子钟，显示格式为××分××秒。定时时间常数的计算方法如下。

定时器 1 工作于方式 1，晶振频率为 6MHz，故预设值 T_x 应满足下式：

$$(2^{16}-Tx)\times 12\times 1/(6\times 10^6)= 0.1 \text{ （s）}$$

$Tx = 15535D = 3CAFH$，故 $TH1 = 3CH$，$TL1 = AFH$。

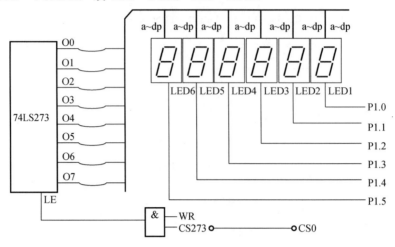

图 6.24 数码管显示实验原理图

5. 实验步骤

将P1口的P1.0～P1.5与数码管的输入LED1～LED6相连，74LS273的O0～O7与LED a～dp相连，片选信号CS273与CS0相连，并去掉短路子连接。编写程序完成实验。

数码管显示实验程序流程图如图 6.25 和图 6.26 所示。

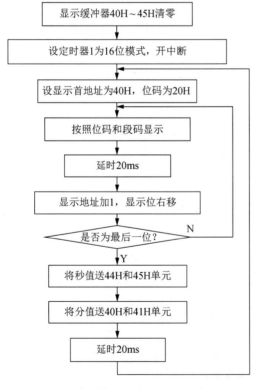

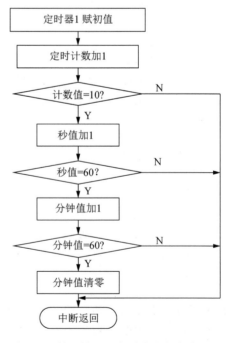

图 6.25 数码管显示实验主程序流程图　　图 6.26 数码管显示实验中断程序流程图

6.4 定时器中断应用实验

根据实验要求掌握单片机系统中扩展简单 I/O 口的方法，了解 8031 的结构及编程方法，掌握通过 8031 并行口读取开关数据的编程方法。

6.4.1 具有中断功能的顺序控制实验

1. 实验目的

（1）学习外部中断技术的基本使用方法。
（2）学习中断处理程序的编程方法。

2. 实验设备

CPU 挂箱、8031 CPU 模块等。

3. 实验原理

LED 的点亮和熄灭表示顺序。

本实验中，应用中断处理程序最主要的目的是保护进入中断前的状态，使中断程序执行完毕后能回到顺序控制在中断前的状态。要保护的内容，除了累加器 ACC、标志寄存器 PSW 外，还要注意：

（1）主程序中的延时程序和中断处理程序中的延时程序不能混用。本实验给出的程序中，主程序延时用的是 R5、R6、R7，中断延时用的是 R3、R4 和新的 R5。

（2）主程序中每执行一步经 74LS273 接口输出数据的操作，应先将所输出的数据保存到一个单元中。

因为进入中断程序后也要执行向 74LS273 接口输出数据的操作，中断返回时如果没有恢复中断前 74LS273 接口锁存器的数据，则往往显示出错，不能返回中断前的状态。还要注意一点，主程序中对接口输出数据的操作要先保存再输出。例如，有如下操作：

```
        MOV  A, #0F0H         ;(0)
        MOVX @R1, A           ;(1)
        MOV  SAVE, A          ;(2)
```

程序如果正好执行到（1）时发生中断，则转入中断程序。假设中断程序返回主程序前需要执行一条 MOV A, SAVE 指令，由于主程序中没有执行（2），因此 SAVE 中的内容实际上是前一次放入的而不是语句（0）中给出的 0F0H，显示出错。将（1）（2）两句顺序颠倒则不会出现上述问题。发生中断时生产过程暂停 10s，然后返回中断前的状态。

本实验的实验原理图同 6.3 节。

4. 实验内容

在顺序控制的基础上增加允许中断暂停的功能。当有中断或暂停要求时,顺序过程暂停,以便进行应急处理。假定应急处理的时间为 10s,处理结束以后,顺序控制恢复中断前的状态。本实验以单脉冲为中断申请,表示有暂停要求。

5. 实验步骤

74LS273 的输出 O0～O7 接发光二极管 LED1～LED8,74LS273 的片选信号 CS273 接 CS2,此时 74LS273 的片选地址在 CFB0H～CFB7H 之间任选。单脉冲输出端 P-接 CPU 板上的 INT0。编写程序,完成实验。

具有中断功能的顺序控制实验程序流程图如图 6.27 和图 6.28 所示。

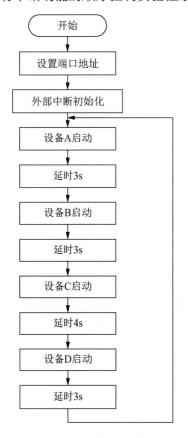
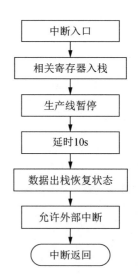

图 6.27　具有中断功能的顺序控制实验主程序流程图　　图 6.28　具有中断功能的顺序控制实验中断程序流程图

6.4.2　循环彩灯定时实验

1. 实验目的

(1) 学习 8031 内部计数器的使用和编程方法。

（2）进一步掌握中断处理程序的编写方法。

2. 实验设备

CPU 挂箱、8031CPU 模块等。

3. 实验原理

1）定时常数的确定

定时器/计数器的输入脉冲周期与机器周期一样，为振荡频率的 1/12。本实验中时钟频率为 6MHz，现要采用中断方法来实现 0.5s 延时，要在定时器 1 中设置一个时间常数，使其每隔 0.1s 产生一次中断，CPU 响应中断后将 R0 中计数值减 1，令 R0=05H，即可实现 0.5s 延时。时间常数可按下述方法确定：

$$机器周期= 12÷晶振频率= 12/(6×10^6) = 2（\mu s）$$

设计数初值为 X，则 $(2^{16}-X)×2×10^{-6}=0.1$，可求得 $X≈15\,535$，转化为十六进制，则 $X=3CAFH$，故初始值为 TH1=3CH，TL1=AFH。

2）初始化程序

初始化程序包括定时器初始化和中断系统初始化，主要是对 IP、IE、TCON、TMOD 的相应位进行正确设置，并将时间常数送入定时器中。由于只有定时器中断，因此 IP 不必设置。

3）设计中断服务程序和主程序

中断服务程序除了要完成计数减 1 工作外，还要将时间常数重新送入定时器中，为下一次中断做准备。主程序则用来控制 LED 按要求顺序亮灭。其实验原理图同 6.2.1 节中的图 6.13。

4. 实验内容

8031 内部定时器 T1 按方式 1 工作，即作为 16 位定时器使用，每 0.1s T1 溢出中断一次。P1 口的 P1.0～P1.7 分别接 LED1～LED8。要求编写程序模拟一循环彩灯。彩灯变化顺序可自行设计。本实验给出的变化顺序如下：

（1）LED1、LED2、…、LED8 依次点亮；

（2）LED1、LED2、…、LED8 依次熄灭；

（3）LED1、LED2、…、LED8 全亮、全灭。

各时序间隔为 0.5s。使 LED 按以上规律循环显示。

5. 实验步骤

P1.0～P1.7 分别接 LED1～LED8 即可。编写程序，完成实验。

循环彩灯定时实验程序流程图如图 6.29 和图 6.30 所示。

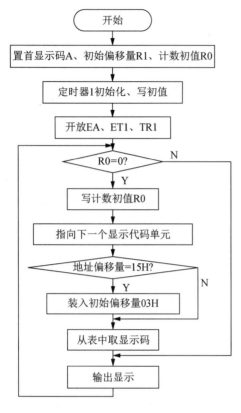
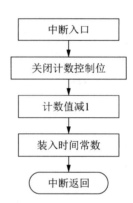

图 6.29 循环彩灯定时实验主程序流程图　　图 6.30 循环彩灯定时实验中断程序流程图

6.5　A/D、D/A 应用实验

根据实验要求了解 A/D、D/A 转换原理，掌握 A/D、D/A 应用程序设计方法。

6.5.1　8 位并行 D/A 实验

1. 实验目的

学习 DAC0832 的工作原理，掌握其编程方法。

2. 实验设备

（1）CPU 挂箱、接口挂箱。
（2）CPU 模块（80C31），8 位并行 A/D、D/A 模块。

3. 实验原理

8 位并行 D/A 实验原理图如图 6.31 所示。其中，POT1 对应于 ZERO.ADJ 电位器，POT2 对应于 VREF.ADJ 电位器，POT3 对应于 RANGE.ADJ 电位器。

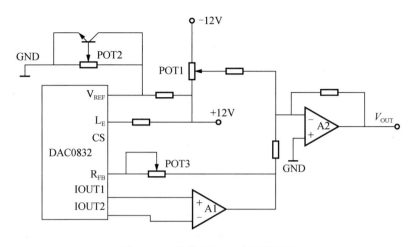

图 6.31　8 位并行 D/A 实验原理图

4. 实验内容

编程实现：采用 DAC0832 进行 D/A 转换，输出正弦波（正弦波的波形数据已知）。

5. 实验步骤

（1）实验连线：用跳线帽选择 DAC0832 的片选信号 CS3，DAC0832 下方的跳线 1、2 端短接。

（2）运行实验程序，在断点 1 处，调节电位器 ZERO.ADJ，使 V_{OUT} 为 0V；在断点 2 处调节电位器 RANGE.ADJ，使 V_{OUT} 为 5V。

（3）全速运行程序，用示波器在 V_{OUT} 端观察输出波形。

6. 实验结果

全速运行程序时，V_{OUT} 端输出正弦波，幅度为 5V。

7. 实验提示

JP1 为 DAC0832 的方式选择：1、2 短接时为双缓冲器同步方式，2、3 短接时为单缓冲器方式。本实验程序为双缓冲器方式。

ZERO.ADJ 调节输出信号的直流电位，主要用于零位调节；RANGE.ADJ 调节反馈度，主要用于满量程调节。

开始实验时，应先调节电位器 VREF.ADJ 使基准电压为 5V。将 00H 送累加器 A，若输出 V_{OUT} 不为零，则通过调节电位器 POT1 来调零。将 FFH 送累加器 ACC，调节电位器 RANGE.ADJ 使输出 V_{OUT} 为 5V。

8 位并行 D/A 实验程序流程图如图 6.32 所示。

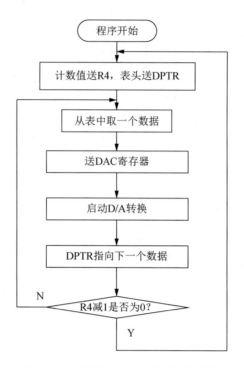

图 6.32　8 位并行 D/A 实验程序流程图

6.5.2　8 位并行 A/D 实验

1. 实验目的

学习 ADC0809 的工作原理，掌握其编程方法。

2. 实验设备

（1）CPU 挂箱、接口挂箱。
（2）CPU 模块（80C31），8 位并行 A/D、D/A 模块。

3. 实验原理

8 位并行 A/D 实验原理图如图 6.33 所示。其中，POT1 对应于模块上的 VREF.ADJ 电位器，POT2 对应于 V.ADJ 电位器。

4. 实验内容

编程实现用 ADC0809 进行 A/D 转换，转换结果显示在 CPU 挂箱的数码管上。

5. 实验步骤

（1）将 CS0809 的片选排的片选信号 CS3 用跳线帽短接，即片选地址为 CFB8H；时钟 CLK 接 CPU 挂箱脉冲发生电路的 CLK3，EOC 接 P1.0；CPU 挂箱上的可调电位器的输出 AN0 接 V_{OUT} 端。

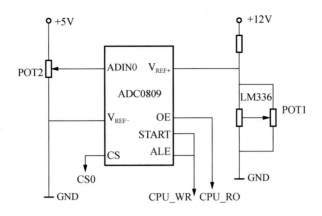

图 6.33　8 位并行 A/D 实验原理图

（2）运行实验程序，调节基准电位器 VREF.ADJ，使输入为最大和最小时显示分别为"FF"和"00"。

（3）转动电位器 V.ADJ 改变输入电压，观察显示值的变化。将显示值换算成电压，与万用表实测值进行比较。

6. 实验结果

转动电位器 V.ADJ，显示值在 00～FF 之间变化。将显示值换算成电压（电压=显示值×5/256），与万用表实测值对比基本相等。

8 位并行 A/D 实验程序流程图如图 6.34 所示。

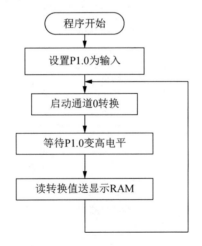

图 6.34　8 位并行 A/D 实验程序流程图

第 7 章

单片机应用系统实训

单片机应用系统实训是单片机课程的一个重要教学环节,是学习单片机技术的综合性训练,包括设计、安装和调试。在单片机应用系统实训过程中,除了需要掌握单片机的有关知识外,还需要结合已经学习过的模拟电路、数字电路、高频电路等知识,掌握电路设计、PCB 制图,元器件的安装、焊接、调试等基本方法,把理论知识和实践相结合。

7.1 概 述

在设计过程中,以单片机作为主控制器,系统设计过程如图 7.1 所示。设计过程可以分为明确设计要求、系统设计(软件设计与调试、硬件设计与调试)、系统集成三个步骤。

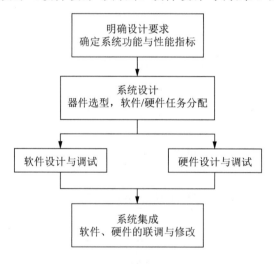

图 7.1 系统设计过程

设计时首先要明确设计要求,确定系统功能与性能指标。一般情况下,单片机最小系统是整个系统的核心,需要确定最小系统板的功能、I/O 信号特征等;需要考虑单片机与信号输入电路、控制电路、显示电路及键盘电路等的接口和时序关系。

软件开发工具需要与所选择的硬件配套。软件设计需要对软件功能进行划分,确定数学模型,设计算法、数据结构、子程序等程序模块。软件开发工具的使用需要进行培训,常用的一些程序，如系统检测、显示器驱动、A/D、D/A、接口通信、延时等，可以作为教学内容，在实验课中进行编程和调试。

系统集成完成软件、硬件的联调与修改。在软件、硬件联调过程中，需要认真分析出现的问题，如非线性补偿、数据计算、码型变换等，这些问题用软件解决会容易很多。采用不同的硬件电路，软件编程将会完全不同，在软件设计与硬件设计之间需要寻找平衡点。

电路经调试达到设计要求后，要对设计的全过程按照一定格式写出课程设计说明书。课程设计说明书的正文部分应包括以下主要内容。

1）设计任务和要求

设计任务和要求应符合教师提供的课题的设计任务与要求，学生也可以根据自己的能力适当扩展一些相关功能。

2）方案设计

方案设计包括系统方案选择与论证，画出系统框图。

系统方案选择与论证应包括设计要求、系统设计思路、总体方案的可行性论证、各功能块的划分与组成、系统的工作原理或工作过程。应注意的是，在总体方案的可行性论证中，应提出2~3种总体设计方案进行分析与比较。总体设计方案的选择既要考虑它的先进性，又要考虑其实现的可能性。设计方案应详细介绍系统的设计思路、工作原理和框图，对各方案进行分析比较。对于选定方案中的各功能块的工作原理也应进行介绍。

3）单元电路设计

单元电路设计包括元器件的选择和电路参数的计算与说明等。

在单元电路设计中不需要进行多个方案的比较与选择，只需要对已确定的各单元电路的工作原理进行介绍，对各单元电路进行分析和设计，并对电路中的有关参数进行计算及完成元器件的选择等。

注意：理论的分析计算是必不可少的。在理论计算时，要注意公式是否完整，参数和单位是否匹配，计算是否正确，应注意计算值与实际选择元器件参数值的差别。电路图可以采用手绘，也可以采用 Protel 或其他软件工具绘制。绘图时应注意元器件符号、参数标注、图纸页面的规范化等。如果采用仿真工具进行分析，可以将仿真分析结果表示出来。

4）图纸

图纸包括设计方案的原理框图、程序流程图、程序清单、总体电路图、布线图及其说明。电路图图纸要注意选择合适的图幅大小、标题栏。程序清单要有注释，有总程序功能和分段程序功能的文字说明等内容。

注意：这部分内容可以穿插在设计报告的中间，程序清单等可以在设计报告的附录中列出。

5）电路调试与测试

在电路调试和测试过程中，对调试中出现的问题应进行分析，并说明解决的措施，对测试结果进行记录、整理与分析。电路调试与测试的具体内容：

（1）使用的主要仪器和仪表；

（2）调试电路的方法和技巧；

（3）测试的数据和波形，并与计算结果进行比较分析；

（4）调试中出现的故障原因及排除方法。

系统测试部分需要详细介绍系统的性能指标或功能的测试方法、步骤，所用仪器设备的名称、型号，测试记录的数据及绘制的图表、曲线等。

6）结论

对设计制作的单片机系统的测试结果和数据进行分析，也可以利用 MATLAB 等软件工具制作一些图表，对整个作品做出完整的、结论性的评价，也就是说，要有一个结论性的意见。一些不足之处和可继续研究的问题也可以适当地提出。

7）列出元器件和仪器设备清单

元器件明细表的栏目应包含序号，名称、型号及规格，数量，备注等。

仪器设备清单的栏目应包含序号，名称、型号及规格，主要技术指标，数量，备注等。

7.2 单片机应用系统基础实训

7.2.1 交通信号灯控制器设计

1. 设计目的

（1）掌握 I/O 接口电路的编程方法。
（2）掌握模拟交通信号灯控制的实现方法。
（3）掌握外部中断处理程序编程方法。

2. 设计要求

（1）设计一个模拟的十字路口交通信号灯控制系统，东西、南北两方向交通信号灯的亮灭规律为：初始态是两个路口的红灯全亮；之后，东西路口的绿灯亮，南北路口的红灯亮，东西方向通车；延时一段时间后，东西路口绿灯灭，黄灯开始闪烁；闪烁若干次后，东西路口红灯亮，而同时南北路口的绿灯亮，南北方向开始通车；延时一段时间后，南北路口的绿灯灭，黄灯开始闪烁；闪烁若干次后，再切换到东西路口方向，重复上述过程。

（2）当有急救车到达时，两个方向上均亮起红灯，以便急救车通过，10s 后，交通信号灯恢复中断前的状态。

3. 原理说明

东西、南北方向各采用 3 个 LED，分别表示红灯、黄灯和绿灯。各 LED 的阳极通过限流电阻接到+5V 的电源上，阴极接到输出 I/O 口上，因此若要使其点亮，则应使相应 I/O 口输出低电平。

程序设计要点如下。

1）延时程序的设计方法

交通信号灯的延时可用两种方法实现：软件延时和定时器延时。

软件延时可先编写一段延时 1s 的子程序，然后在主程序中反复调用，以实现不同的延时。

同时，送出信号控制相应的交通信号灯和调用相应的 LED 显示子程序。

定时器延时可以通过单片机内部定时器 T0 产生中断来实现。T0 可工作于方式 1，每 50ms 产生一次中断，由中断服务程序实现规定的延时，同时，送出信号控制相应的交通信号灯和调用相应的 LED 显示子程序。

2）中断处理程序的设计

发生中断时两方向的红灯一起亮 10s，然后返回中断前的状态。

本实训中最主要的问题是如何保护中断前的状态，使中断程序执行完毕后能回到交通信号灯中断前的状态。要保护的寄存器，除了累加器 ACC、标志寄存器 PSW 外，还要注意以下几点。

（1）主程序中的延时程序和中断处理程序中的延时程序不能混用。

（2）主程序中每执行一步经 I/O 口输出数据的操作时，应先将所输出的数据保存到一个单元中。因为进入中断程序后也要执行 I/O 口输出数据的操作，中断返回时如果没有恢复中断前 I/O 口锁存器的数据，则显示可能出错，不能返回中断前的状态。

例如，有如下操作：

```
MOV    A,      #0F0H    ;(0)
MOV    P1,     A        ;(1)
MOV    SAVE,   A        ;(2)
```

程序如果正好执行到（1）时发生中断，则转入中断程序，假设中断程序返回主程序前需要执行一句 MOV A,SAVE 指令，由于主程序中没有执行（2），故 SAVE 中的内容实际上是前一次放入的，而不是（0）语句中给出的 0F0H，显示出错。将（1）（2）两句顺序颠倒一下则没有问题。

4. 硬件电路原理图

模拟交通信号灯控制电路原理图如图 7.2 所示。

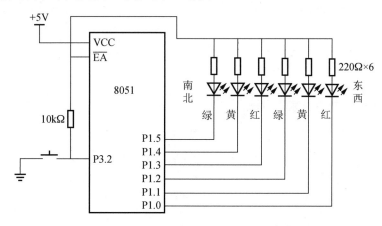

图 7.2 模拟交通信号灯控制电路原理图

5. 程序流程图

模拟交通信号灯程序流程图如图 7.3 所示。

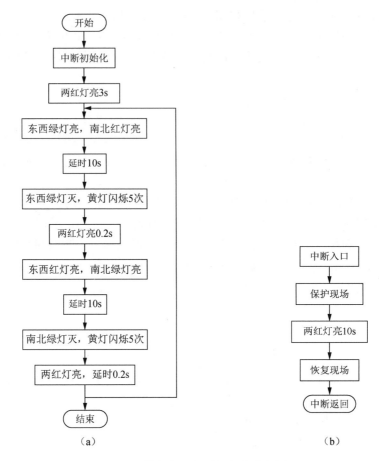

图 7.3　模拟交通信号灯程序流程图

（a）主程序；（b）中断子程序

7.2.2　汽车转弯信号灯控制器设计

1. 设计目的

（1）掌握延时程序的设计方法。

（2）掌握汽车转弯信号灯的控制原理。

（3）掌握 I/O 接口电路的编程方法。

2. 设计要求

（1）汽车在行驶过程中左、右转弯时，相应的仪表板左、右指示灯，左、右头灯和左、右尾灯闪烁。

（2）闭合紧急开关时 6 个信号灯全部闪烁，闪烁频率为 1Hz。

（3）汽车制动时，左、右尾灯点亮。

（4）若汽车在转弯时制动，则原闪烁的指示灯继续闪烁，同时左、右尾灯点亮。

3. 原理说明

部分汽车驾驶操作对应的信号灯状态如表 7.1 所示。

表 7.1 部分汽车驾驶操作对应的信号灯状态表

操作	指示灯名称					
	左转弯指示灯	右转弯指示灯	左头信号灯	右头信号灯	左尾信号灯	右尾信号灯
左转弯	闪烁	灭	闪烁	灭	闪烁	灭
右转弯	灭	闪烁	灭	闪烁	灭	闪烁
闭合紧急开关	闪烁	闪烁	闪烁	闪烁	闪烁	闪烁
制动	灭	灭	灭	灭	亮	亮
左转弯时制动	闪烁	灭	闪烁	灭	闪烁	亮
右转弯时制动	灭	闪烁	灭	闪烁	亮	闪烁
紧急制动	闪烁	闪烁	闪烁	闪烁	亮	亮
左转弯紧急制动	闪烁	闪烁	闪烁	闪烁	闪烁	亮
右转弯紧急制动	闪烁	闪烁	闪烁	闪烁	亮	闪烁
停靠	灭	灭	闪烁(快)	闪烁(快)	闪烁(快)	闪烁(快)
错误	灭	灭	灭	灭	灭	灭

程序设计要点如下。

（1）延时程序的设计方法见 7.2.1 节。

（2）读取开关状态。I/O 口接开关，作为输入口使用，需要正确读取 I/O 引脚的状态。以 P1 口为例，指令应写为

```
MOV  P1,#0FFH
MOV  A, P1
```

第一条指令是设置 P1 口为输入状态，这样使用第二条指令才能正确读取 P1 口的状态给累加器 ACC。

4. 硬件电路原理图

模拟汽车转弯信号灯电路原理图如图 7.4 所示。

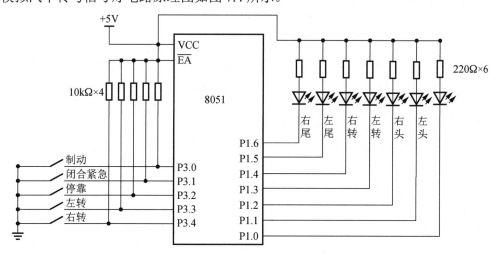

图 7.4 模拟汽车转弯信号灯电路原理图

5. 程序流程图

模拟汽车转弯信号灯程序流程图如图 7.5 所示。

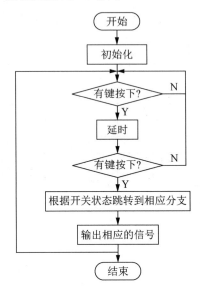

图 7.5 模拟汽车转弯信号灯程序流程图

7.2.3 循环彩灯控制电路设计

1. 设计目的

（1）掌握用定时器延时或软件延时进行定时控制的方法。
（2）掌握外部中断技术的基本使用方法。
（3）掌握中断处理程序的编程方法。

2. 设计要求

8051 内部定时器 T1 按方式 1（即 16 位定时计数方式）工作，每 50ms 中断一次。P1 口的 P1.0～P1.7 分别接 LED1～LED8。

编写程序，模拟一循环彩灯。彩灯变化顺序可自行设计。下面给出两个例子，例如：
（1）LED1、LED2、…、LED8 依次点亮。
（2）LED1、LED2、…、LED8 依次熄灭。
（3）LED1、LED2、…、LED8 全亮、全灭。

各时序间隔为 0.5s，使 LED 按以上规律循环显示。

又如：
（1）8 个 LED 从左向右依次点亮，并且每个 LED 亮的时间为 1s。
（2）前 4 个 LED 亮，后 4 个 LED 灭，延迟 4s 后，前 4 个 LED 熄灭，后 4 个 LED 点亮，延迟 4s。
（3）8 个 LED 从右向左依次点亮，同样，每个 LED 亮的时间是 1s。

(4) 8个LED全亮,延迟4s后,8个LED全灭,延迟4s。

各状态周期为8s,使LED按以上规律循环显示。

3. 原理说明

原理同6.4.2节的实验原理,这里不再赘述。

4. 硬件电路原理图

循环彩灯电路原理图如图7.6所示。

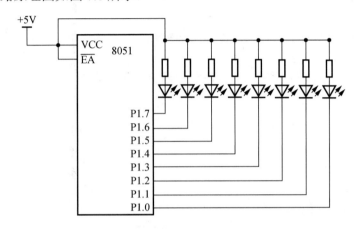

图7.6 循环彩灯控制电路原理图

5. 程序流程图

请学生自行绘制程序流程图。

7.2.4 键值识别

1. 设计目的

(1) 了解矩阵式键盘电路的工作原理。
(2) 掌握矩阵式键盘接口电路的编程方法。
(3) 掌握LED数码管显示的编程方法。

2. 设计要求

利用LED数码管和矩阵式键盘,通过编程实现以下功能:在矩阵式键盘上当一个键(0~F)被按下时,数码管就将该键的键值显示出来。

3. 原理说明

识别键的闭合,通常采用行扫描法和行反转法。

行扫描法又称逐行或逐列扫描查询法,它是一种常用的多按键识别方法。这里以行扫描法为例介绍矩阵式键盘的工作原理。

1）判断键盘中有无键按下

先将全部行线 R0～R3 置低电平，然后检测列线的状态，只要有一列的电平为低电平，则表示键盘中有键按下，而且闭合的键位于低电平线与 4 根行线相交叉的 4 个按键之中；若所有列线均为高电平，则表示键盘中无键按下。

2）判断闭合键所在的位置

在确认有键按下后，即可进入确定具体闭合键的过程。方法：依次将行线置为低电平，即在置某根行线为低电平时，其他线为高电平。当确定某根行线为低电平后，再逐行检测各列线的电平状态。若某列为低电平，则该列线与置为低电平的行线交叉处的按键就是闭合的按键。

数码管显示采用静态显示，将共阴极结构的数码管公共端接地，I/O 口输出显示码。

程序设计要点如下。

（1）设计程序时，可将 4 行对应的键值显示码放在 4 个表中，每个表中有 4 个显示码，对应每一行的 4 列键值。例如：

```
KCODE0:      DB 3FH,06H,5BH,4FH      ;键值 0~3 显示码
KCODE1:      DB 66H,6DH,7DH,07H      ;键值 4~7 显示码
KCODE2:      DB 7FH,6FH,77H,7CH      ;键值 8~B 显示码
KCODE3:      DB 39H,5EH,79H,71H      ;键值 C~F 显示码
```

此时，键值 0 的显示码 3FH 位于第一行第一列位置。

（2）程序执行时，首先确定是否有键按下。如果有键按下，进行行扫描，确定是哪行有键按下，接着依次按列寻找。确定按键的列后，通过查表指令查出显示码，最后通过 I/O 口输出显示。

4. 硬件电路原理图

键值识别电路原理图如图 7.7 所示。

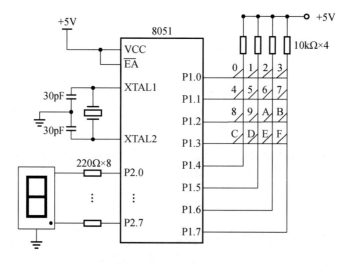

图 7.7　键值识别电路原理图

5. 程序流程图

键值识别程序流程图如图 7.8 所示。

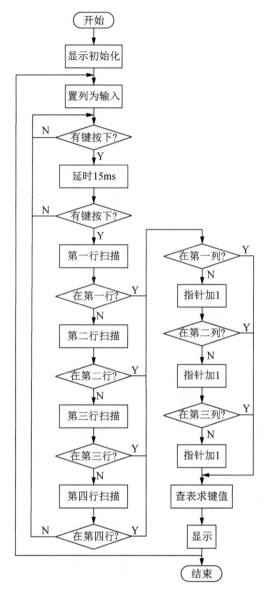

图 7.8 键值识别程序流程图

7.2.5 电子钟设计

1. 设计目的

(1) 进一步掌握定时器的使用和编程方法。
(2) 了解七段数码管显示数字的原理。

（3）掌握用一个段锁存器、一个位锁存器同时显示多位数字的技术。

2. 设计要求

设计一个电子钟，利用6个数码管显示时、分、秒。

3. 原理说明

（1）动态显示就是逐位轮流点亮显示器的各个位（扫描）。将8051 CPU的P3口作为一个位锁存器使用，P1口作为段锁存器。

（2）利用定时器T1定时中断，编程实现一个电子钟。利用6个数码管显示时、分、秒，显示格式为××   ××   ××。

（3）定时时间常数计算方法：

定时器T0工作于方式2，定时100μs，晶振频率为12MHz，故预置初值 X 为

$$(2^8-X)\times10^{-6}=0.0001（s）$$

X=156D=9CH，故TH0=TL0=9CH。

4. 硬件电路原理图

电子钟电路原理图如图7.9所示。

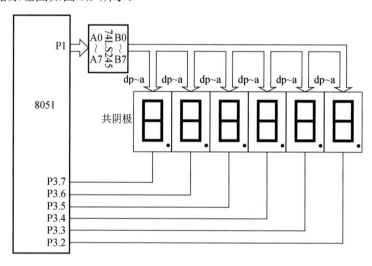

图7.9　电子钟电路原理图

5. 程序流程图

电子钟程序流程图如图7.10所示。

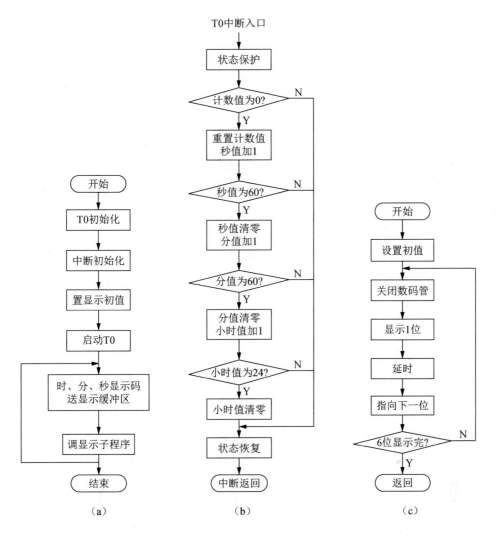

图 7.10 电子钟程序流程图
(a) 主程序；(b) 中断子程序；(c) 显示子程序

7.2.6 数据采集（冷却液温度测量）

1. 设计目的

（1）掌握 A/D 转换器与单片机的接口方法。
（2）了解 ADC0809 的转换性能及编程方法。
（3）掌握单片机采集数据的方法。

2. 设计要求

将冷却液温度传感器输出的模拟电压信号作为 ADC0809 的输入信号，编制程序，将采集的模拟量温度值转换成数字量，用数码管显示 A/D 转换的结果。

3. 原理说明

A/D 转换器大致有以下 3 类。

（1）双积分 A/D 转换器，优点是精度高、抗干扰性好、价格低廉，但速度慢。

（2）逐次逼近法 A/D 转换器，精度、速度、价格适中。

（3）并行 A/D 转换器，速度快，价格昂贵。

ADC0809 属第二类，是 8 位 A/D 转换器，每采集一次信号需 100μs。

ADC0809 START 端为 A/D 转换启动信号，ALE 端为通道选择地址的锁存信号。在设计电路中将两者相连，以便锁存通道地址同时开始 A/D 采样转换，故启动 A/D 转换只需如下两条指令：

```
MOV  DPTR, #PORT
MOVX @DPTR, A
```

A 中的内容并不重要，这是一次虚拟写。

在中断方式下，A/D 转换结束后会自动产生 EOC 信号，将其与 8051 CPU 的 $\overline{INT0}$ 相连接。在中断处理程序中，使用如下指令即可读取 A/D 转换的结果：

```
MOV  DPTR, #PORT
MOVX A, @DPTR
```

4. 硬件电路原理图

数据采集电路原理图如图 7.11 所示。

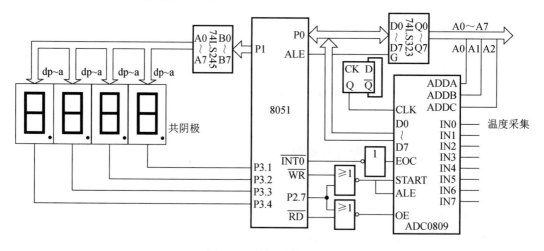

图 7.11 数据采集原理图

5. 程序流程图

数据采集程序流程图如图 7.12 所示。

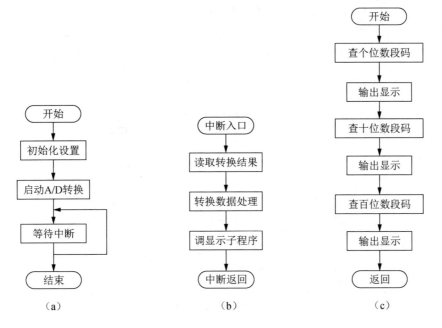

图 7.12 数据采集程序流程图
(a) 主程序；(b) 中断子程序；(c) 显示子程序

7.2.7 波形发生器设计

1. 设计目的

(1) 了解 D/A 转换的基本原理。
(2) 掌握 DAC0832 的性能及编程方法。
(3) 掌握单片机系统中扩展 D/A 转换器的基本方法。

2. 设计要求

利用 DAC0832，编制程序产生锯齿波、三角波、正弦波。三种波形轮流显示。

3. 原理说明

1) DAC0832 读写原理

D/A 转换是把数字量转换成模拟量，从 D/A 转换器输出的是模拟电压信号。要产生锯齿波、和三角波，只需由 A 存放的数字量的增减来控制；要产生正弦波，较简单的手段是制作一张正弦数字量表，取值范围为一个周期，采样点越多，精度越高。

单片机和 DAC0832 接口有三种连接方式：直通方式、单缓冲方式和双缓冲方式。

(1) 直通方式。DAC0832 内部有两个起数据缓冲器作用的寄存器，分别受 $\overline{LE1}$ 和 $\overline{LE2}$ 控制。如果使 $\overline{LE1}$ 和 $\overline{LE2}$ 皆为高电平，那么，DI7～DI0 上的信号便可直通地到达 8 位 DAC 寄存器，进行 D/A 转换。因此，ILE 接+5V，$\overline{CS}$、$\overline{XFER}$、$\overline{WR1}$ 和 $\overline{WR2}$ 接地，DAC0832 就可在直通方式下工作。

（2）单缓冲方式。单缓冲方式是指 DAC0832 内部的两个数据缓冲器有一个处于直通方式，另一个由单片机控制。DAC0832 单缓冲方式接线如图 7.13 所示。$\overline{WR2}$ 和 $\overline{XFER}$ 接地，故 DAC0832 的 8 位 DAC 寄存器工作于直通方式。8 位输入寄存器由 $\overline{CS}$ 和 $\overline{WR1}$ 端信号控制。

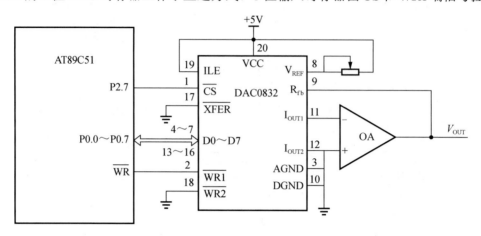

图 7.13　DAC0832 单缓冲方式接线

单缓冲方式下 DAC0832 的应用介绍如下：
① 锯齿波程序。

```
            ORG   300H
START:      MOV   DPTR, #7FFFH
            MOVX  @DPTR, A
            INC   A
            SJMP  START
            END
```

② 三角波程序。

```
            ORG   600H
START:      CLR   A
            MOV   DPTR, #7FFFH
UP:         MOVX  @DPTR, A            ;线性上升段
            INC   A
            JNZ   UP                  ;若未完,转 UP
            MOV   A, #0FFH
DOWN:       MOVX  @DPTR, A            ;线性下降段
            DEC   A
            JNZ   DOWN                ;若未完,则 DOWN
            SJMP  UP                  ;若已完,则循环
            END
```

③ 方波程序。

```
            ORG    900H
START:      MOV    DPTR, #7FFFH
LOOP:       MOV    A, #0A0H
            MOVX   @DPTR, A         ;置上限电平
            ACALL  DELAY            ;形成方波顶宽
            MOV    A, #50H
            MOVX   @DPTR, A         ;置下限电平
            ACALL  DELAY            ;形成方波底宽
            SJMP   LOOP             ;循环
DELAY:      …
            …
            END
```

（3）双缓冲方式。双缓冲方式是指DAC0832内部8位输入寄存器和8位DAC寄存器都不应在直通方式下工作。CPU必须通过$\overline{LE1}$来锁存待转换的数字量，通过$\overline{LE2}$启动D/A转换。图7.14所示为单片机和两片DAC0832在双缓冲方式下的接线。在双缓冲方式下，每个DAC0832应为CPU提供两个I/O口。

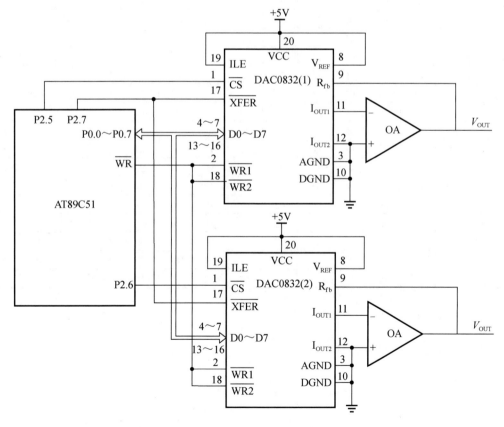

图7.14 单片机和两片DAC0832在双缓冲方式下的接线

双缓冲方式下的 DAC0832 的应用如下：

```
ORG  0100H
MOV  DPTR, #0DFFFH      ;指针指向 DAC0832(1) 输入寄存器
MOV  A, R1              ;方向数据 X 送入 A
MOVX @DPTR, A           ;将 X 写入 DAC0832(1) 数据输入寄存器
MOV  DPTR, #0BFFFH      ;指针指向 DAC0832(2) 输入寄存器
MOV  A, R2              ;方向数据 Y 送入 A
MOVX @DPTR, A           ;将 Y 写入 DAC0832(2) 数据输入寄存器
MOV  DPTR, #7FFFH       ;指针指向两片 DAC0832 的 DAC 寄存器
MOVX @DPTR, A           ;两片 DAC 同时启动转换,同步输出
...
END
```

2）正弦波的波形数据

正弦波的波形数据（十六进制形式）如表 7.2 所示。

表 7.2　正弦波的波形数据（十六进制形式）

正弦波的波形数据															
80	83	86	89	8D	90	93	96	99	9C	9F	A2	A5	A8	AB	AE
B1	B4	B7	BA	BC	BF	C2	C5	C7	CA	CC	CF	D1	D4	D6	D8
DA	DD	DF	E1	E3	E5	E7	E9	EA	EC	EE	EF	F1	F2	F4	F5
F6	F7	F8	F9	FA	FB	FC	FD	FD	FE	FF	FF	FF	FF	FF	FF
FF	FF	FF	FF	FF	FF	FE	FD	FD	FC	FB	FA	F9	F8	F7	F6
F5	F4	F2	F1	EF	EE	EC	EA	E9	E7	E5	E3	E1	DE	DD	DA
D8	D6	D4	D1	CF	CC	CA	C7	C5	C2	BF	BC	BA	B7	B4	B1
AE	AB	A8	A5	A2	9F	9C	99	96	93	90	8D	89	86	83	80
80	7C	79	76	72	6F	6C	69	66	63	60	5D	5A	57	55	51
4E	4C	48	45	43	40	3D	3A	38	35	33	30	2E	2B	29	27
25	22	20	1E	1C	1A	18	16	15	13	11	10	0E	0D	0B	0A
09	08	07	06	05	04	03	02	02	01	00	00	00	00	00	00
00	00	00	00	00	00	01	02	02	03	04	05	06	07	08	09
0A	0B	0D	0E	10	11	13	15	16	18	1A	1C	1E	20	22	25
27	29	2B	2E	30	33	35	38	3A	3D	40	43	45	48	4C	4E
51	51	55	57	5A	5D	60	63	69	6C	6F	72	76	79	7C	80

4. 硬件电路原理图

波形发生器电路原理图如图 7.13 所示。

5. 程序流程图

程序流程图请学生自行绘制。

7.2.8 实用信号源设计

1. 设计目的

（1）了解 D/A 转换的基本原理。
（2）掌握 DAC0832 的性能及编程方法。
（3）掌握单片机系统中扩展多片 D/A 转换器的基本方法。

2. 设计要求

（1）单片机系统中扩展两片 D/A 转换器，其中一片产生正弦波，另外一片产生方波。
（2）两个信号的幅值可调。

3. 原理说明

（1）DAC0832 读写原理见 7.2.7 节。
（2）改变信号幅值的方法有以下两种：
① 硬件方法。设置一个增益可调的有源低通滤波器，使 D/A 转换器输出信号经过低通滤波器，通过调节低通滤波器的增益，即可改变信号的幅值。
② 软件方法。在向 D/A 转换器写入数字量时，将该数字量先乘以一个设定数值（一般是 0～1 的小数），也可以调节输出幅值。为了简化运算，可以先乘以一个整数 M，再除以 N（N 为 128、256 等 2 的 n 次幂），M 的取值范围为 0～N。因为这种除法可通过移位进行，程序简单，且运算速度快。

4. 硬件电路原理图

实用信号源电路原理图如图 7.14 所示。

5. 程序流程图

程序流程图请学生自行绘制。

7.2.9 数字电压表设计

1. 设计目的

（1）了解 A/D 转换器与单片机的接口方法。
（2）掌握 ADC0809 的转换性能及编程方法。
（3）掌握单片机测量电压的方法。
（4）掌握数码管动态轮流显示数据的方法。

2. 设计要求

（1）以单片机为核心元件，设计一个数字电压表。
（2）利用 ADC0809 作为 A/D 转换器，对输入电压值进行采样，得到相应的数字量，经过数据处理，通过数码管显示电压值。

(3) 输入电压范围为 0～5V，选择 4 个数码管显示，电压值精确到小数点后 3 位。

3. 原理说明

ADC0809 是 8 位 A/D 转换器。当输入电压为 5.00V 时，输出的数据值为 255（0FFH），因此最大分辨率为 0.0196（5/255）。ADC0809 具有 8 路模拟量输入端口，通过 3 位地址输入端能从 8 路中选择一路进行转换。若每隔一段时间依次改变 3 位地址输入端的地址，就能依次对 8 路输入电压进行测量。LED 数码管显示采用动态轮流显示。可对 8 路循环显示，也可单路显示。

ADC0809 读写操作见 7.2.6 节。

4. 硬件电路原理图

数字电压表设计的电路原理图如图 7.11 所示。

5. 程序流程图

程序流程图请学生自行绘制。

7.2.10 直流电动机转速控制

1. 设计目的

（1）了解 PWM 的原理。
（2）复习 ADC0809 的工作原理，掌握其编程方法。
（3）掌握用 PWM 技术控制电动机转速的实现方法。

2. 设计要求

（1）通过 ADC0809 对 0～5V 电压值进行采样。
（2）根据采样值产生占空比不同的 PWM 信号，控制电动机转速。

3. 原理说明

PWM 是一种非常常用的数字信号控制模拟电路的方法，在测量、通信等诸多领域广泛地应用。从本质上看，PWM 是一种模拟信号电平幅度的数字编码，通过使用高分辨率的计数器调制方波的占空比，即脉宽调制，从而使模拟信号幅度的有效值得到改变。PWM 信号仍然是一种数字信号，这是因为在某一时刻，直流电平要么出现，要么不出现。电源以一系列脉冲的形式给负载供电。在带宽足够的情况下，任何模拟电平值都可由 PWM 产生。直流电动机的转速可通过 PWM 信号施以不同的平均电压来控制。

利用单片机的 I/O 口输出不同占空比的 PWM 信号，高、低电平的宽度用定时器延时实现。编程要点如下。

（1）由 P1.0 引脚产生 PWM 信号。
（2）用定时器 T1 产生高、低电平的基准时间（25μs）。
（3）启动 ADC0809，延时读转换结果，高 4 位送入 R4（忽略低 4 位），用 0FH 减去高 4

位送入 R5。

（4）R4 存放 P1.0 为高电平的延时次数。

（5）R5 存放 P1.0 为低电平的延时次数。

（6）用外部中断 $\overline{INT0}$ 使电动机停止转动（设转速级数为 0）。

（7）设 PWM 信号频率为 2500Hz，则周期为 400μs，对 12MHz 的时钟频率，PWM 信号全周期计数值为 400，由 16 个基准时间组成。所以，转速分为 16 级，转速级数与占空比的对应关系如表 7.3 所示。

表 7.3 转速级数与占空比的对应关系

转速级数	1	2	3	4	5	6	7	8
占空比	1/16	2/16	3/16	4/16	5/16	6/16	7/16	8/16
R4 延时次数	1	2	3	4	5	6	7	8
R5 延时次数	15	14	13	12	11	10	9	8
转速级数	9	10	11	12	13	14	15	16
占空比	9/16	10/16	11/16	12/16	13/16	14/16	15/16	1
R4 延时次数	9	10	11	12	13	14	15	16
R5 延时次数	7	6	5	4	3	2	1	0

4. 硬件电路

硬件接线包括两部分：第一部分为单片机与 ADC0809 接口电路，见 7.2.6 节，P1.0 引脚输出 PWM 信号；第二部分为直流电动机驱动电路，如图 7.15 所示。

5. 程序流程图

直流电动机转速控制程序流程图如图 7.16 所示。

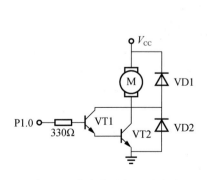

图 7.15 直流电动机驱动电路

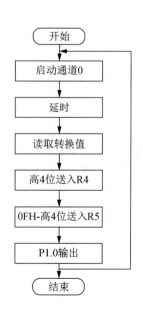

图 7.16 直流电动机转速控制程序流程图

7.2.11 液晶显示器控制电路设计

1. 设计目的

（1）了解液晶显示器模块 LCD1602 的基础知识和基本工作原理。
（2）掌握液晶显示器模块 LCD1602 与单片机的接口技术。
（3）掌握液晶显示器模块 LCD1602 的编程方法。

2. 设计要求

编程实现：首先在第一行显示"Hello"，2s 后在第二行显示"Welcome to LCD"，再过 2s 后第一行改为"Nice to meet you"，再过 2s 后将第二行改为"Good luck"。

3. 原理说明

LCD 是一种分层结构，位于最后面的一层是由荧光物质组成的可以发射光线的背光层。背光层发出的光线在穿过第一层偏振过滤层之后进入液晶层。液晶层中的水晶液滴都包含在细小的单元格结构中，一个或多个单元格构成屏幕上的一个像素。当 LCD 中的电极产生电场时，液晶分子就会产生扭曲，从而将穿越其中的光线进行有规则的折射，经过第二层的过滤在屏幕上显示出来。

1）接口信号说明

LCD1602 采用标准的 14 脚（无背光）或 16 脚（带背光）接口，各引脚功能如表 7.4 所示。

表 7.4 LCD1602 引脚功能

引脚编号	符号	功能说明
1	VSS	为地电源
2	VCC	接 5V 正电源
3	V0	对比度调整端，接正电源时对比度最弱，接地时对比度最高。对比度过高时会产生"鬼影"。使用时可以通过一个 10kΩ的电位器调整对比度
4	RS	寄存器选择：高电平时选择数据寄存器，低电平时选择指令寄存器
5	R/W	读写信号线，高电平时进行读操作，低电平时进行写操作。当 RS 和 R/W 共同为低电平时可以写入指令或显示地址； 当 RS 为低电平、R/W 为高电平时可以读忙信号； 当 RS 为高电平、R/W 为低电平时可以写入数据
6	E	使能端，当 E 端由高电平变成低电平时，液晶模块执行命令
7~14	D0~D7	8 位双向数据线
15	BLA	背光源正极
16	BLK	背光源负极

2）控制指令

LCD1602 液晶显示器模块内部的控制器共有 11 条控制指令，如表 7.5 所示。

表 7.5 LCD1602 的控制指令

序号	指令	RS	R/W	D7	D6	D5	D4	D3	D2	D1	D0
1	清显示	0	0	0	0	0	0	0	0	0	1
2	光标返回（归位）	0	0	0	0	0	0	0	0	1	*
3	置输入模式	0	0	0	0	0	0	0	1	I/D	S
4	显示开/关控制	0	0	0	0	0	0	1	D	C	B
5	光标或字符移位	0	0	0	0	0	1	S/C	R/L	*	*
6	功能设置	0	0	0	0	1	DL	N	F	*	*
7	CGRAM 地址设置	0	0	0	1	字符发生存储器地址					
8	DDRAM 地址设置	0	0	1	显示数据存储器地址						
9	读忙标志 BF 或地址计数器	0	1	BF	地址计数器（AC）内容						
10	写数到 CGRAM 或 DDRAM	1	0	要写的数据内容							
11	从 CGRAM 或 DDRAM 读数	1	1	读出的数据内容							

注：*表示可以为 0 或 1。

3）基本操作时序

LCD1602 液晶显示器模块基本时序如表 7.6 所示。

表 7.6 LCD1602 液晶显示器模块基本时序

RS	R/W	E	功能
0	0	下降沿	写指令代码
0	1	高电平	读忙标志和 AC 值
1	0	下降沿	写数据
1	1	高电平	读数据

4. 硬件电路原理图

液晶显示电路原理图如图 7.17 所示。

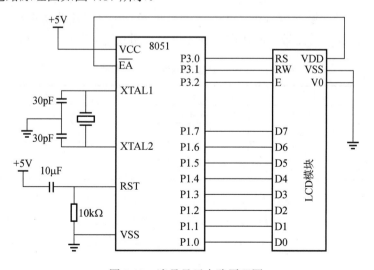

图 7.17 液晶显示电路原理图

5. 程序流程图

程序流程图请学生自行绘制。

7.2.12 三相步进电动机控制电路设计

1. 设计目的

（1）了解步进电动机的特点。
（2）掌握步进电动机的工作原理、励磁方式和正、反转控制。
（3）理解步进电动机的主要技术参数。
（4）掌握单片机控制步进电动机的方法。
（5）复习读取键盘信息的方法。

2. 设计要求

（1）采用两个键表示电动机的正、反转。
（2）采用一个数码管显示正、反转的状态。E 表示正转，F 表示反转。
（3）接收从键盘传来的步数及方向信息，驱动步进电动机按相应的方向转动相应的步数。

3. 原理说明

1) 工作原理

步进电动机有三线式、五线式、六线式三种，但其控制方式均相同，都必须以脉冲电流来驱动。若每旋转一圈以 20 个励磁信号来计算，则每个励磁信号前进 18°，其旋转角度与脉冲数成正比。正、反转可由脉冲顺序来控制。

步进电动机的励磁方式可分为全部励磁及半步励磁。其中全部励磁又有 1 相励磁及 2 相励磁之分。而半步励磁又称 1~2 相励磁。

（1）1 相励磁法：在每一瞬间只有一个线圈导通。这种方法消耗电力小、精度高，但转矩小、振动较大，每送一励磁信号可走 18°。若以 1 相励磁法控制步进电动机正转，其励磁顺序如表 7.7 所示。若励磁信号反向传送，则步进电动机反转。

表 7.7　1 相励磁顺序 A→B→C→D→A

步号	A	B	C	D
1	1	0	0	0
2	0	1	0	0
3	0	0	1	0
4	0	0	0	1

（2）2 相励磁法：在每一瞬间会有两个线圈同时导通。其转矩大、振动小，是目前使用较多的励磁方式，每送一励磁信号可走 18°。若以 2 相励磁法控制步进电动机正转，其励磁顺序如表 7.8 所示。如果励磁信号反向传送，则步进电动机反转。

表 7.8　2 相励磁顺序 AB→BC→CD→DA→AB

步号	A	B	C	D
1	1	1	0	0
2	0	1	1	0
3	0	0	1	1
4	1	0	0	1

（3）1～2 相励磁法：为 1 相与 2 相交替导通。因其分辨率高，且运转平滑，每送一励磁信号可走 9°，故应用也较广泛。若以 1～2 相励磁法控制步进电动机正转，其励磁顺序如表 7.9 所示。若励磁信号反向传输，则步进电动机反转。

表 7.9　1～2 相励磁顺序 A→AB→B→BC→C→CD→D→DA→A

步号	A	B	C	D
1	1	0	0	0
2	1	1	0	0
3	0	1	0	0
4	0	1	1	0
5	0	0	1	0
6	0	0	1	1
7	0	0	0	1
8	1	0	0	1

电动机的负载转矩与速度成反比，速度越快，负载转矩越小。但速度快至其极限时，步进电动机将不再运转，所以在每走一步后，程序必须延时一段时间。

2）驱动电路

以一个 12V 的单极步进电动机为例，其驱动电路如图 7.18 所示，使用达林顿阵列 ULN2003 作为单片机与步进电机的接口。单片机的 I/O 口与 ULN2003 的 1、2、3、4 引脚连接（控制线 D、C、B、A），信号经过 ULN2003 反向后到达步进电动机 M 的励磁线圈上。

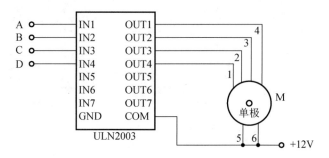

图 7.18　步进电机驱动电路

4. 硬件电路原理图

步进电动机控制电路原理图如图 7.19 所示。

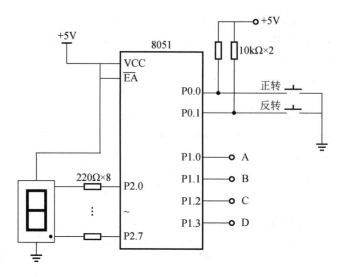

图 7.19 步进电动机控制电路原理图

5. 程序流程图

在程序的编制中，要特别注意步进电动机在换向时的处理。为了使步进电动机在换向时能平滑过渡，不至于产生错步，应在每一步中设置标志位。其中，20H 单元的各位为步进电动机正转标志位，21H 单元各位为反转标志位。在正转时，不仅给正转标志位赋值，还给反转标志位赋值。同理，在反转时进行同样的设置。这样，当步进电动机换向时，就以上一次的位置作为起点反向运动，避免了电动机换向时产生错步。

步进电动机控制程序参考流程图如图 7.20 所示。

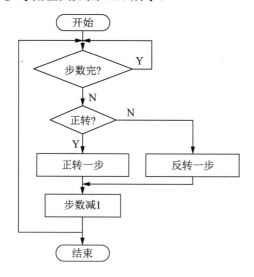

图 7.20 步进电动机控制程序参考流程图

第8章

机电系统计算机控制技术实验

8.1 NIC-D 数控实验系统简介

8.1.1 NIC-D 数控实验系统硬件配置

1. NIC-D 数控实验系统基本规格

工作台尺寸：120mm×180mm。
工作行程（$X×Y×Z$）：100mm×70mm×50mm。
使用铣刀直径：4mm。
工作进给：120～500mm/min。
快速进给：1 500mm/min。
最小设定单位（三轴）：0.01mm。
机床外形尺寸（长×宽×高）：360mm×260mm×450mm。
机床质量：20kg。

2. 机床传动与结构特点

1）主传动
主轴直接由 40SYP4002 直流电动机驱动（24V、1.7A、1 500r/min）。

2）进给传动
X、Y、Z 三轴传动直接由步进电动机 57BYG-060 传动和 JSD2P-1 专用驱动电源驱动。三轴均用两根导柱进行导向，保证了传动的平稳性。

3）主要部件结构特点
本机床采用机电分体式结构，即机械部分、驱动部分、控制系统部分分别独立设置，使整体结构简单。

8.1.2 教学型台式数控铣床的安装与连接

1. NIC-D 数控实验系统组成

NIC-D 数控实验系统的台式数控铣床由个人计算机(personal computer，PC)、ADT-8940A1

卡、ADT-9162 端子板、JSD2P-1 驱动电源、三轴数控铣床等组成，如图 8.1 所示。

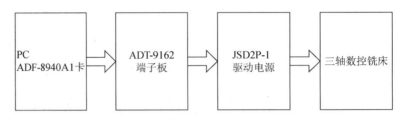

图 8.1　系统组成框图

2．NIC-D 接线与安装

（1）关闭计算机电源（注：ATX 电源需关闭总电源）。
（2）打开计算机机箱后盖。
（3）选择一条未占用的 PCI 插槽，插入 ADT-8940A1 卡。
（4）确保 ADT-8940A1 卡完整插入 PCI 插槽，拧紧螺钉。
（5）将 D62GG 连接线的一端和控制卡的 J1 接口相连，另一端和 ADT-9162 接线端子相连。
（6）将 DB25 芯电缆一头接入控制转接器，另一头接入 JSD2P-1 驱动电源的 DB25 芯插座。特别注意，不要在带电时插拔控制转接器。
（7）三轴铣床上引出的 14 芯航空插头接入 JSD2P-1 驱动电源的 14 芯航空插座。
（8）电源接入交流 220V 电源。
（9）使用时打开 JSD2P-1 驱动电源开关，电源指示灯亮，NIC-D 数控实验系统的数控铣床上电。

8.2　实　　验

8.2.1　脉冲增量插补实验

1．实验原理

逐点比较法是指每走一步都要和要求的轨迹进行比较的方法，即进行一次偏差计算和偏差判别，然后根据偏差确定下一步的走向，以逼近给定轨迹，同时进行终点判别。

以第一象限直线插补为例，图 8.2 为逐点比较法第一象限直线插补计算流程图。图 8.2 中 Y_e 和 X_e 为终点坐标，n 为终点计数，F 为偏差函数。

2．实验目的

（1）了解数控实验系统的基本组成及工作过程。
（2）掌握数控逐点比较法插补的基本原理。
（3）熟悉 C 语言编程方法。

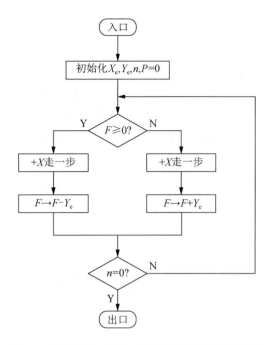

图 8.2 逐点比较法第一象限直线插补计算流程图

3. 实验任务

（1）了解和熟悉数控实验系统。
（2）用给定的程序调整实验系统的工作台到实验台的中心位置。
（3）用 C 语言编程实现逐点比较法第一象限直线插补程序。

4. 实验步骤

（1）检查系统连接是否正确。
（2）打开 PC，进入 Windows 系统。
（3）打开 Visual C++编辑器，输入程序。
（4）打开驱动器电源开关，并检查电源指示灯是否点亮。
（5）调试程序，并观察结果。

5. 实验结果

（1）要求记录工作台调整的过程。
（2）要求记录插补实验数据并绘制插补轨迹。

6. 实验问题讨论

（1）讨论实验中发现的问题及解决方法。
（2）其他象限如何实现插补？

8.2.2 插补实验

1. 实验原理

本实验采用数字积分法（digital differential analyzer，DDA）直线插补。以第一象限直线为例，每个坐标方向需要一个积分累加器和被积函数寄存器。从脉冲源每来一个脉冲，进行一次累加，累加后溢出作为每个坐标方向的进给脉冲。插补算法如图 8.3 所示。当溢出脉冲数为终点坐标时，插补结束。其中，X 和 Y 被积函数寄存器中分别存入 X_e 和 Y_e。

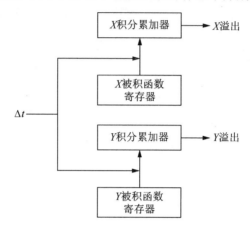

图 8.3 DDA 第一象限直线插补算法框图

2. 实验目的

（1）掌握数控 DDA 直线插补的基本原理。
（2）熟悉用 C 语言编程实现 DDA 直线插补。

3. 实验任务

编制及调试 C 语言程序，实现 DDA 直线插补，并输出数据。

4. 实验步骤

同 8.2.1 节，这里不再赘述。

5. 实验结果

（1）要求记录实验程序。
（2）要求记录实验数据和插补轨迹。

6. 实验问题讨论

（1）讨论实验中发现的问题及解决方法。
（2）其他象限如何实现 DDA 直线插补？

8.2.3 电动机控制实验

1. 实验原理

电动机是一种将电脉冲信号变换成相应的角位移或直线位移的机电执行元件,每当输入一个电脉冲时,它便转过一个固定的角度,这个角度称为步距角。只要控制脉冲一个一个地输入,电动机便一步一步地转动起来。

步进电动机驱动电源的控制信号通常有两个,一个是脉冲信号,另一个是方向信号。脉冲信号的频率决定步进电动机的转速,方向信号决定步进电动机的正、反转。

2. 实验目的

(1)掌握步进电动机控制的基本原理。
(2)掌握步进电动机控制系统的 C 语言程序编制方法。
(3)掌握 ADT-8940A1 控制卡的使用方法(参考其说明书)。

3. 实验任务

(1)编制及调试 C 语言或 PLC 程序,实现直流电动机恒速控制。
(2)编制及调试 C 语言或 PLC 程序,实现两台步进电动机同时加速、恒速、减速控制。

4. 实验步骤

C 语言相关步骤同 8.2.1 节,这里不再赘述。另外,PLC 的实验按 PLC 的实验步骤操作。

5. 实验结果

要求记录实验程序和实验数据。

6. 实验问题讨论

(1)讨论实验中发现的问题及解决方法。
(2)若改为几个轴同时运动,应如何实现?
(3)如何实现电动机的位置控制?

第 9 章

基于 PLC 的开关量顺序控制项目实训

9.1 卷烟厂风力送丝设备控制系统设计

送丝设备工作示意图如图 9.1 所示。

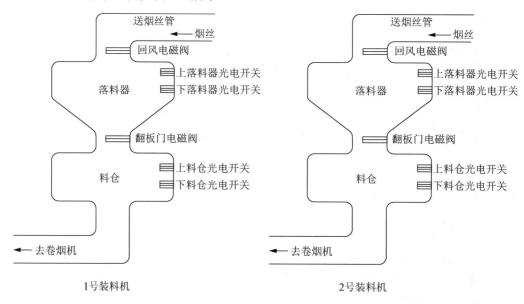

图 9.1 送丝设备工作示意图

1. 工作过程及要求

（1）启动后，风机工作，为烟丝管道送风。

（2）当落料器内料的高度低于下落料器，且翻板门电磁阀关闭时，启动回风电磁阀打开风门，将烟丝吸进落料器；当落料器内料的高度高于上落料器时，回风电磁阀关闭风门。

（3）若两个落料器同时需要进料，则按时间分配轮流装料。

（4）当料仓内烟丝的高度低于下料仓光电开关，且回风电磁阀关闭时，翻板门电磁阀动作进料；当料仓的烟丝的高度高于上料仓光电开关时，翻板门电磁阀关闭。

（5）下班关机前，将所有落料器的烟丝全部放入各个料仓。

2. 控制要求

（1）完成要求的控制循环。
（2）要求可以同时控制两台送丝设备。
（3）按下停止按钮，完成当前循环后再停止。
（4）要求可以实现手动、自动控制。

3. 设计要领

（1）对于落料器，设计时应考虑几种情况：1号落料器和2号落料器均缺料、1号落料器缺料而2号落料器不缺料、1号落料器不缺料而2号落料器缺料、1号落料器和2号落料器均不缺料。在设计顺序功能图时，应设计4个选择分支。对于料仓，也应考虑4种情况。

（2）每次循环结束都要判断是否按下关机按钮，如果没有按下则继续循环，否则将所有落料器的烟丝全部放入各个料仓，结束循环。

（3）为了能够实现控制要求中的"按下停止按钮，完成当前循环后再停止"，可以用启停按钮和位存储器设计一个带自锁启停梯形图。例如，西门子S7-200 PLC，用M1.0设计启停控制，按下启动按钮，M1.0接通；按下停止按钮，M1.0断开。这样可以在顺序功能图的循环结束处判断M1.0的状态，进而进行分支选择。

9.2 加热炉自动送料控制系统设计

加热炉送料系统包括自动台车、机械臂起吊装置、冷却槽和夹紧装置四部分。控制动作主要包括台车的前进/后退、机械臂的上升/下降、夹钳的夹紧/松开、冷却槽的前进/后退。送料系统示意图如图9.2所示。

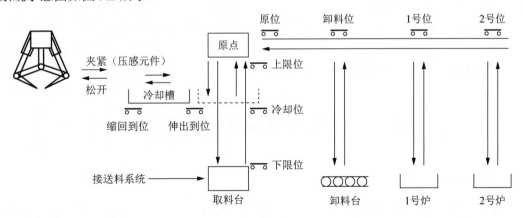

图9.2 送料系统示意图

1. 工作过程

连续：（满足原位条件）启动→取料台取料→台车右行到1号位→装料1号炉→台车左行

到原位→夹钳冷却→取料台取料→台车右行到 2 号位→装料 2 号炉→台车左行到 1 号位→（1 号炉加热完毕）1 号炉出料→台车左行到卸料位→卸料台卸料→台车左行到原位→夹钳冷却→取料台取料→台车右行到 1 号位→装料 1 号炉→台车右行到 2 号炉→（2 号炉加热完毕）2 号炉出料→取料台取料→循环。

单周期：（满足原位条件）启动→取料台取料→台车右行到 1 号位→装料 1 号炉→台车左行到原位→夹钳冷却→取料台取料→台车右行到 2 号位→装料 2 号炉→台车左行到 1 号位→（1 号炉加热完毕）1 号炉出料→台车右行到 2 号炉→（2 号炉加热完毕）2 号炉出料→结束。

2. 控制要求

（1）完成要求的控制循环。

（2）按下停止按钮，立即停止。

（3）要求可以实现回原点、单周期、连续控制

3. 设计要领

（1）动作要求中的每一步都包含很多动作。

取料台取料：（台车在原位）机械臂下降到下限位→夹紧工件（可以延时或用夹紧到位检测）→机械臂上升到上限位。

装料 1 号炉：（台车在 1 号位）机械臂下降到下限位→松开工件（可以延时或用松开到位检测）→机械臂上升到上限位。

夹钳冷却：（台车在原位）冷却槽伸出到位→机械臂下降到冷却位→延时→机械臂上升到上限位→冷却槽缩回到位。

卸料台卸料：（台车在卸料位）机械臂下降→松开工件（可以延时或用松开到位检测）→机械臂上升到上限位。

装料 2 号炉：（台车在 2 号位）机械臂下降到下限位→松开工件（可以延时或用松开到位检测）→机械臂上升到上限位。

（2）可以采用顺序结构，也可以采用子程序。采用子程序时，可以将取料、送料、夹钳冷却分别作为子程序。在主程序中，通过台车的左行、右行，在不同的位置调用不同的子程序。

（3）注意连续和单周期的判别位置和返回位置。

9.3 仓储机器人搬运控制系统设计

1. 工作过程

有 A、B 两个三层储物架存放工件，每层储物架都有一个检测传感器，两个储物架中间有搬运机器人，机器人可以实现上升、下降、正转 180°、反转 180°、手臂伸出、手臂缩回、手臂微抬、手臂微降等动作。机器人可以把 A 储物架的某层工件取出，放到 B 储物架的某层，也可以把 B 储物架的某层工件取出，放到 A 储物架的某层，如 A1→B3 或 B2→A3；可以通过一个选择开关选择方向，即 A→B 或 B→A；通过四位拨码开关选择状态，即 1—1、1—2、1

—3、2—1、2—2、2—3、3—1、3—2、3—3。根据方向选择和状态选择,决定机器人的动作过程,选择好后,按启动按钮,机器人开始工作。学生自行设定机器人的初始位置。

2. 控制要求

完成要求的控制。

3. 设计要领

(1) 每个动作都有到位检测,如机器人上升有上限位传感器、机器人下降有下限位传感器等。

(2) 方向选择,通过一个开关的 ON 或 OFF 选择是从 A→B 还是从 B→A。

(3) 状态选择,通过四位拨码开关选择状态,四位拨码开关分别接 PLC 的 4 个输入端,PLC 梯形图中通过 4 个拨码开关的组合状态进行判别。

(4) 可以采用顺序结构,也可以采用子程序设计。采用子程序设计时,可以将 1 层取货、2 层取货、3 层取货、1 层送货、2 层送货、3 层送货分别作为子程序,这些子程序对 A、B 货架都是通用的,这样可以使程序结构简化。

9.4 示教机械手控制系统设计

示教机械手的运动包括上升、下降、左转、右转、吸工件、放工件。

1. 工作过程

循环过程如下:
(1) 从原点开始下降;
(2) 吸工件,延时 1s;
(3) 上升;
(4) 右转;
(5) 下降;
(6) 放下工件,延时 1s;
(7) 上升;
(8) 左转,回原点。

要求有 4 种工作方式:手动、单步、单周期、连续。连续时,循环 5 次结束,声光间断报警 5s。

2. 控制要求

(1) 完成要求的控制循环。
(2) 按下停止按钮,立即停止。
(3) 可以实现手动、单步、单周期、连续控制。

3. 设计要领

（1）注意原位条件，即机械手在左限位、上限位，手爪松开。

（2）单步是指按下一次启动按钮，运行一步。例如，在原位时，按下启动按钮，机械手下降到下限位停止；再按下一次启动按钮，机械手吸工件并延时；接着按下一次启动按钮，机械手上升到上限位停止等。因为采用单步方式，所以输出动作受限，如Q0.0为上升输出，则Q0.0的梯形图一定要串联上限位常闭触点。

（3）手动控制是针对每一个动作的点动控制（没有自锁），同时要考虑限位和互锁。例如，手动时，按住手动上升按钮，可以实现点动上升，按钮松开即停止。若一直按住按钮，则到达上限位后停止。所以，该梯形图应该串联上限位输入量的常闭触点，同时串联下降输出的常闭触点，实现互锁。

9.5 超声波清洗机控制系统设计

超声波清洗机控制系统可以进行清洗、漂洗等，包括进水阀、进液阀、排水阀（液）、水泵电动机和液泵电动机，容腔内包含两个液位传感器，即上限位液位传感器和下限位液位传感器。

1. 工作过程

（1）清洗液冲洗时，液泵工作，进液阀、排水（液）阀同时打开。

（2）清水冲洗时，水泵工作，进水阀、排水（液）阀同时打开。

（3）超声波清洗机工艺流程图如图9.3所示。

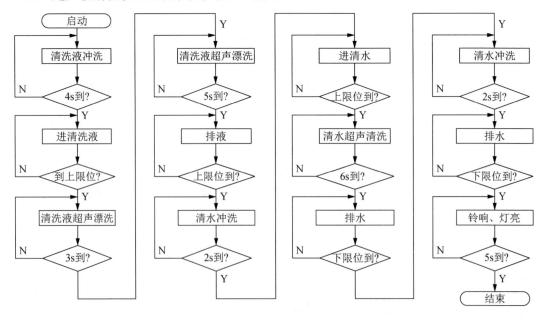

图9.3 超声波清洗机工艺流程图

2. 控制要求

（1）完成所要求的控制循环。
（2）按下停止按钮，完成当前循环后再停止。
（3）要求可以实现手动、单周期、连续控制。
（4）循环 5 次结束，停止循环，声光间断报警 5s。

3. 设计要领

（1）按照图 9.3 所示的工艺流程图设计顺序功能图。
（2）冲洗是指清洗液或水进出时，阀门同时打开，边进边出；漂洗是指清洗液或水达到一定高度后关闭进出阀门，进行洗涤。超声是单独的一个输出。
（3）在循环结束时，通过 3 个分支选择进行判断。如果按下停止按钮或选择单周期，则返回初始步；如果选择连续，未按下停止按钮，而且循环次数未到，则继续循环；如果选择连续，未按下停止按钮，而且循环次数到了，则开始声光报警。
（4）控制要求中的"按下停止按钮，完成当前循环后再停止"，参考 9.1 节中的设计要领（3）。

9.6 半精镗专用机床控制系统设计

半精镗专用机床机械系统包括左滑台、右滑台、左动力头、右动力头、拔插定位销。

1. 工作过程

半精镗专用机床工作流程图如图 9.4 所示。

2. 控制要求

（1）完成要求的控制循环。
（2）可以实现手动控制和自动控制。

3. 设计要领

（1）左滑台、右滑台均有快进到位和原位检测传感器，销有拔销到位和插销到位检测传感器。
（2）原位条件包括左滑台、右滑台均在原位，插销到位。
（3）按照图 9.4 所示的流程图设计顺序功能图。

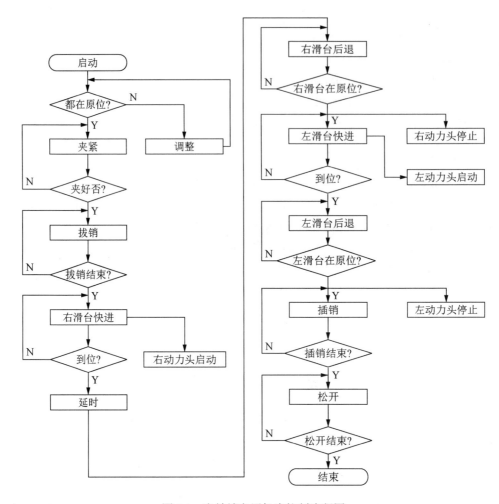

图 9.4 半精镗专用机床控制流程图

9.7 四工位卧式镗铣组合机床控制系统设计

四工位卧式镗铣组合机床有 4 个工位、3 个动力头。第一工位是装卸工位，第二到第四工位的 3 个动力头可以同时对相应工位夹具上的工件进行加工。机床的动作包括工作台的抬起、回转、落下、夹紧、松开，夹具的夹紧、松开，3 个滑台各自的向前切削、定时、向后退回。

1. 工作过程

机床工作流程图如图 9.5 所示。

2. 控制要求

（1）完成要求的控制循环。

（2）按下停止按钮，立即停止。

(3) 按下复位按钮，所有滑台回原位，动力头电动机停止。
(4) 要求可以实现手动、自动控制。

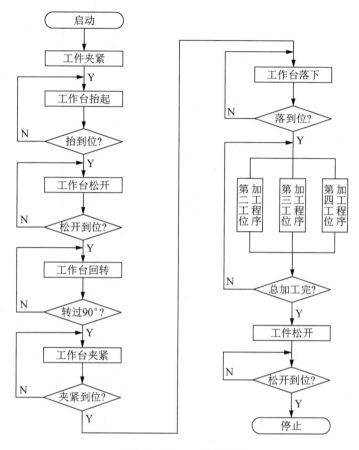

图 9.5　机床工作流程图

3. 设计要领

（1）3 个滑台分别有前进到位和后退到位检测传感器，工作台有夹紧到位和松开到位检测传感器，工件有夹紧到位和松开到位检测传感器。

（2）图 9.5 中的"总加工完"是指工位 2、工位 3、工位 4 全部加工完成，即 3 个滑台全部后退到各自的原位。

（3）按照图 9.5 的工作流程图设计顺序功能图。

9.8　内燃机部件定位清洗机控制系统设计

清洗机主要由步进式液压输送机构、清洗泵及清洗液过滤循环系统、水位控制装置、油水分离装置、排屑装置、集中润滑系统、异常显示和事故报警系统等组成。

1. 工作过程

内燃机部件定位清洗机流程图如图 9.6 所示。

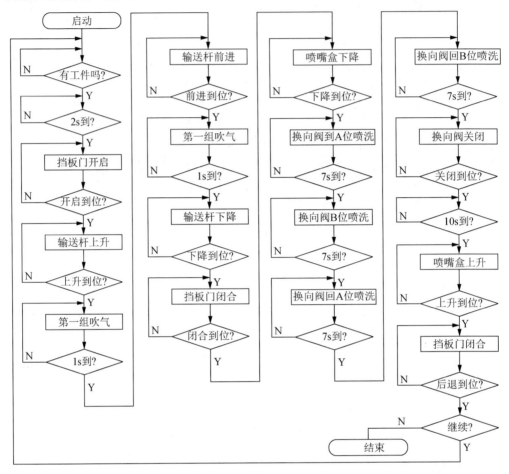

图 9.6　内燃机部件定位清洗机流程图

2. 控制要求

（1）完成要求的控制循环。
（2）按下停止按钮，完成当前循环后再停止。
（3）要求可以实现手动、单周期、连续控制。

3. 设计要领

（1）图 9.6 中每个动作都有到位检测传感器进行检测。
（2）注意循环的初始条件是所有运动部件处于原位状态。原位的判别根据图 9.6 中的动作顺序确定，如图 9.6 中首先开启挡板门，判断其原位是关闭到位；输送杆先开始上升，判断其原位是下降到位等。
（3）按照图 9.6 所示的流程图设计顺序功能图。

9.9 冲压机控制系统设计

冲压机（图3.6）的冲压头可以上升、下降，被冲压的工件先通过传送带1传送到冲压机附近，然后通过进料机械手将工件送到冲压机工作台，冲压机将工件夹紧，冲头下降冲压工件，再上升，冲压机松开工件，由出料机械手将冲好的工件从冲压机工作台取出，送到传送带2上，由传送带2将冲好的工件送走。

1. 工作过程

（1）按下启动按钮后，把工件放在传送带1上，启动传送带1将工件送到工位1。
（2）打开进料机械手吸盘控制阀，使吸盘吸住工件。
（3）进料机械手将工件送入冲压机加工台的工位2，断开吸盘并退回。
（4）冲压机将工件夹紧在工作台上。
（5）冲压模具下降，冲压完工件后上升。
（6）冲压机松开工件。
（7）出料机械手进入冲压机加工台。
（8）出料机械手吸盘吸住工件。
（9）将工件放到工位3，松开出料吸盘，出料机械手退回原位。
（10）启动传送带2将工件从工位3送走。
进料机械手和出料机械手的动作由学生自行设定。

2. 控制要求

（1）完成要求的控制循环。
（2）按下停止按钮，完成当前循环后再停止。
（3）按下复位按钮，机械手和冲压机均回原位。
（4）要求可以实现手动、回原点、单周期、连续控制。
（5）连续时，循环5次结束，声光间断报警5s。

3. 设计要领

（1）进料机械手和出料机械手的初始位置和动作过程由学生自行设定，如可以设定进料机械手的初始位置在传送带1的工位1上方，工件到达工位1，进料机械手开始下降→吸工件→延时→上升→左转→下降→松开工件→上升→右转。
（2）每个动作都有到位检测传感器进行检测。
（3）按下复位按钮，返回原位的动作包括冲压机上升到位、进料机械手吸盘断开→上升→右转，出料机械手的动作与进料机械手相似。
（4）控制要求中的"按下停止按钮，完成当前循环后再停止"，请参考9.1节中的设计要领（3）。

9.10 混凝土配料及搅拌系统设计

混凝土配料及搅拌系统由配料部分和搅拌部分组成,如图 9.7 所示。

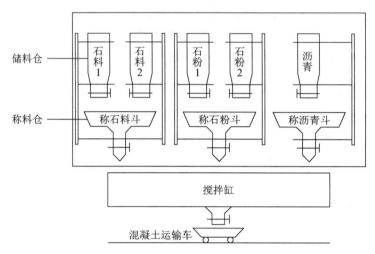

图 9.7 混凝土配料及搅拌系统示意图

配料部分由石料 1、石料 2、石粉 1、石粉 2、沥青的储料仓与称料斗组成。5 种材料分别由各自的传感器(脉冲信号)计量放料数量,配比为 6∶2∶6∶2∶2。

1. 工作过程

按下启动按钮后,同时开启石料 1、石粉 1 和沥青的料仓电磁阀,并对 3 种材料计数;当石料 1 计满后关闭石料 1 储料仓,开启石料 2 储料仓;当石粉 1 计满后关闭石粉 1 储料仓,开启石粉 2 储料仓;当 5 种材料都称量完毕,开启称石料斗放入石料至其限位传感器;接着开启称石粉斗放入石粉至其限位传感器;最后开启称沥青斗放入沥青至限位传感器;3 个料斗都关闭后,同时开始搅拌 1min,然后开启搅拌缸阀门漏料至其限位传感器,关闭阀门,重新开始上述配料过程。

2. 控制要求

(1)完成要求的工作循环。
(2)要求有 3 种工作方式:手动、单周期、连续。
(3)连续时,循环 5 次结束,声光间断报警 5s。

3. 设计要领

(1)开始配料时为 3 个并行序列:石料 1 漏料→石料 2 漏料、石粉 1 漏料→石粉 2 漏料、沥青漏料。
(2)在排放物料的过程中,物料表面逐渐下降,当物料表面低于其下限位传感器时,关闭阀门，停止排放。

9.11 大小球分拣系统设计

大小球分拣系统示意图和流程图分别如图 9.8 和图 9.9 所示。

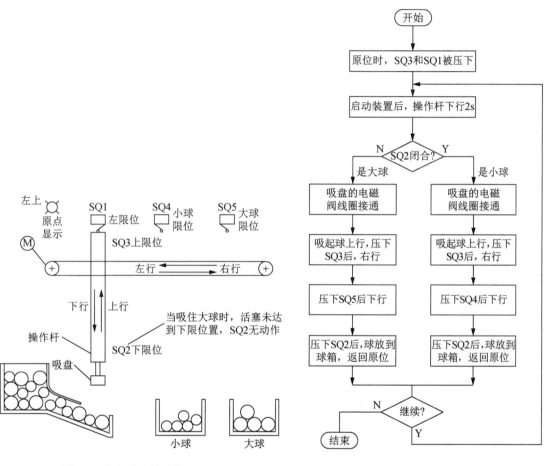

图 9.8 大小球分拣系统示意图　　图 9.9 大小球分拣系统流程图

1. 工作过程

大小球分拣系统流程图如图 9.9 所示。

2. 控制要求

（1）完成要求的工作循环。

（2）要求有 4 种工作方式：手动、回原点、单周期、连续。

（3）连续时，循环 5 次结束，声光间断报警 5s。

（4）按下停止按钮，完成当前循环后再停止。

(5)按下复位按钮,吸盘立即回原位。

3. 设计要领

(1)循环的初始条件是分拣机构处于左限位和上限位。

(2)分拣机构下降时,如果在规定时间内没有到达下限位,说明吸到的是大球,否则为小球。

(3)把球放入大球筐或小球筐的过程可以作为子程序,即下降到下限位 SQ2→吸盘放开球→上升到上限位 SQ3。

(4)控制要求中的"按下停止按钮,完成当前循环后再停止",请参考 9.1 节中的设计要领(3)。

9.12 配料车控制系统设计

配料车系统通过配料车从 A 处和 B 处分别取不同数量的料送到配料罐中,再通过配料罐进行定时搅拌,搅拌后卸料。配料车的工作示意图如图 9.10 所示。

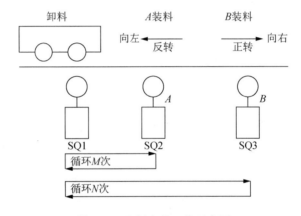

图 9.10 配料车的工作示意图

1. 工作过程

(1)配料车从配料罐 SQ1 处出发,右行到 A 处,装料(定时),左行返回 SQ1 处,卸料(定时),往返 3 次。

(2)右行到 B 处,装料(定时),左行返回 SQ1 处,卸料(定时),往返 2 次。

(3)配料罐进行配料混合(定时)。

(4)配料罐卸料。

配料车由三相交流异步电动机驱动。

2. 控制要求

(1)完成所要求的控制循环。

（2）按下停止按钮，完成当前循环后再停止。
（3）按下复位按钮，立即返回原位停止。
（4）要求可以实现手动、单周期、连续控制。

3. 设计要领

（1）小车循环的初始条件为小车在 SQ1 处。
（2）在顺序功能图的初始步要使用两个计数器复位。
（3）控制要求中的"按下停止按钮，完成当前循环后再停止"，请参考 9.1 节中的设计要领（3）。

9.13 喷泉控制系统设计

喷泉系统中阀门打开可以分别喷水，其中 A、B、D 喷头可以左右摆动，A、B、C 可以旋转，每个喷头下面都有红、绿、黄、蓝 4 个彩灯，当某个喷头喷水时，其下面的 4 个彩灯按照亮 5s，灭 2s 循环闪烁。

1. 工作过程

（1）喷泉控制要求为 A、B 同时喷 10s，并左右摆动；A、C 同时喷 6s 并旋转；B、D 同时喷 15s 并摆动；A、B、C 同时喷 8s 并旋转；2s 后再循环。
（2）工作过程中，红、绿、黄、蓝 4 个彩灯按照亮 5s，灭 2s 的规律循环闪烁。

2. 控制要求

（1）完成所要求的循环。
（2）喷泉可以实现手动、单周期、连续操作方式。
（3）当选择连续时，要求循环 20 次后结束，声光间断报警，按下停止按钮终止报警。

3. 设计要领

（1）按照要求画出喷泉时序图。
（2）小灯的循环闪亮可以作为子程序（适用于 A、B、C、D 喷泉下面的 4 组彩灯）。
（3）喷头的摆动也可以作为子程序（适用于各个喷头的摆动）。设计摆动子程序时，要注意左摆到左限位时接通右摆装置，断开左摆装置；右摆到右限位时，接通左摆装置，断开右摆装置。在左摆梯形图中串接左限位常闭触点，在右摆梯形图中串接右限位常闭触点。

9.14 自动加工机床换刀控制系统设计

一个圆形刀库的换刀示意图如图 9.11 所示。在刀库的刀架上装有 8 种刀具，分别放在 0~7 号位置。每个刀具位置有一个接近开关，分别为 SQ0~SQ7，在刀库下方为换刀位，有一个换刀机械手，同时配有感应铁，用于感应各个刀位传感器信号。每个刀位有一个指示灯，分别为 HL0～HL7。有 8 个选刀按钮 SB0～SB7。刀库有正转和反转两个启动按钮。

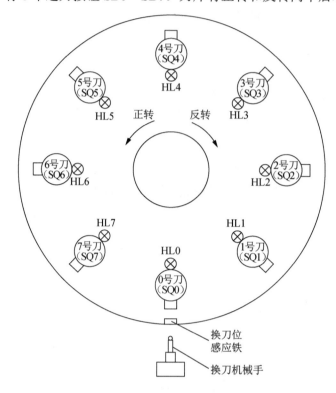

图 9.11 圆形刀库的换刀示意图

1. 工作过程

当按下某个选刀按钮时，对应刀位指示灯亮，此时可以按照最近路径按下正转或反转按钮，刀库旋转，直至所选刀位转至换刀位，停下，换刀机械手伸出→夹紧→刀夹松开→换刀机械手拔刀→转位→插入主轴→主轴夹紧刀具→机械手松开→缩回→回转。至此，完成一次换刀任务。

2. 控制要求

（1）完成所要求的控制过程。
（2）可以实现手动、自动控制。

3. 设计要领

（1）每个刀位转到换刀位时，对应的接近开关接通。
（2）刀库旋转到位停止的条件是按下某个刀位的选刀按钮，而且这个刀位的接近开关接通。可以针对每个选刀按钮用位存储器做一个启停回路，并将 8 个位存储器的常开触点并联，如果选择正转，则正转输出；如果选择反转，则反转输出。
（3）机械手换刀过程的各个输出都有到位检测传感器，包括拔刀到位、插刀到位、回转到位、机械手夹紧到位、机械手松开到位、主轴夹紧到位。

9.15 立体停车库的控制系统设计

有一个小型立体停车库，共 3 层（2~4），每层 2 个停车位。车库包括大门（开启、关闭）、载车台（上升、下降、左转、右转、伸出、缩回、车轮固定、车轮松开）、楼层传感器、车位传感器、大门开启和关闭传感器、存取车按钮。

1. 存车工作过程

有车驶入（传感器）→判断空余车位，若有，则大门开启→车进入，驻车→驾驶员办完手续离开，大门关闭→载车台下降到底层→载车台伸出→车轮固定→载车台缩回→载车台上升→每上升一层，判断是否有空车位，若有，则旋转找车位；若没有，继续上升一层→找到车位，载车台伸出→松开车轮→载车台缩回→载车台转回原位待命。

2. 控制要求

完成所要求的控制过程。

3. 设计要领

（1）上升、下降、左转、右转、伸出、缩回、车轮固定、车轮松开、大门开启、大门关闭都有对应的传感器。

（2）当某个车位有车时，该车位传感器有信号。可以通过将所有车位传感器的常闭触点并联，判断停车场是否有空车位，只要有一个常闭触点闭合（即该车位无车），就可以接收外来车辆停车。

（3）在上升找车位的过程中，到达某一层，优先判别左侧车位，如果左侧有空位，则左侧停车，否则右侧有车位，则右侧泊车；如果当前层无车位，载车台继续上升。在设计顺序功能图时，到达每一层都有 3 个选择分支：左侧有空位则左侧泊车、右侧有空位则右侧泊车、都没有空位则继续上升。载车台默认位置是左侧，如果右侧泊车，泊车结束，必须左转到位。

9.16 电镀自动生产线控制系统设计

1. 工作过程

如图 9.12 所示，在电镀生产线原位，吊篮下降，将待加工零件装入吊篮，装好后吊篮上升到上限位、左行，按照预先设定的槽位顺序依次实现下降；电镀延时，延时到位后吊篮上升，当最后一个槽位电镀完成，吊篮右行到原位停止，吊篮下降到下限位，卸下工件，进入下一个循环。采用开关 SA2~SA5（图 9.12 中未画出）进行槽位的设定，开关闭合，表示此槽位需要停下进行电镀；开关断开，则不必停下。

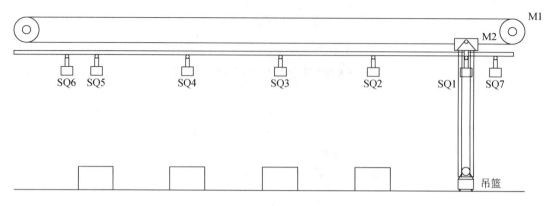

图 9.12 电镀自动生产线示意图

（1）对于不同的电镀件，具有槽位选择的功能。可以按照工艺要求，设定槽位开关的状态，并按照槽位开关的状态完成上述过程。

（2）图 9.12 中的 SQ6、SQ7 为两端的超行程保护。

（3）行走电动机采用能耗制动，制动时间为 2s，升降电动机采用电磁抱闸制动。

（4）用信号灯显示吊篮所在槽位及其上下限位置。

（5）原位装卸时间为 10s。

2. 控制要求

（1）完成所要求的控制过程。

（2）可以实现手动、自动控制。

3. 设计要领

（1）可以将"下降→电镀延时→上升"作为子程序，在需要的时候调用。

（2）在左行到某一个槽位时有两个选择：选择该槽位且到达该槽位，则开始电镀；如果没有选择该槽位，则继续左行。

（3）SQ6 和 SQ7 两个超行程保护行程开关的常闭触点分别串接到左行和右行回路中，一旦超行程使得该行程开关常闭触点断开，则电动机停止。

9.17 同步传输举升装置控制系统设计

同步举升装置包括 7 个传输线、3 个液压同步举升装置。由于加工设备处于不同高度位置，因此传输线的高度需要由同步举升装置进行举升和降落，保证传送物料到达工位高度。举升装置各段之间需要联动协调，使举升过程高度变化一致。

图 9.13 为同步传送举升装置示意图，传输线共分为 5 段，其中中间 3 段安装举升装置，2 段为双层传输线，示意为不同高度。该模型传输线采用双层 5 段 7 个传输线，由 7 台交流异步电动机拖动。3 个举升机构分别由液压缸控制。传输电动机的停止采用能耗制动方式。

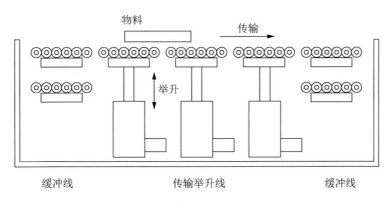

图 9.13　同步传输举升装置示意图

1．工作过程

（1）该装置有 4 种传输方式：左高-右高、左高-右低、左低-右高、左低-右低，通过拨码开关选择。

（2）每段传输线都装有物料检测传感器，当物料进入某一段传输线时，启动下一段传输线电动机，同时停止上一段传输线电动机。

（3）每个举升装置都有上、下限位检测装置。

2．控制要求

（1）完成所要求的控制过程。
（2）可以实现手动、自动控制。

3．设计要领

（1）4 种传输方式分别作为 4 个子程序。
（2）当货物进入某一个传输线时，关闭前一级传输线，接通下一级传输线。
（3）中间三个具有升降功能的传输线同步升降。
（4）通过 PLC 控制继电器，再由继电器触点在交流 220V 的线路中控制接触器线圈，由接触器的主触点控制交流电动机。

9.18　显像管搬运机械手控制系统设计

显像管搬运机械手包括摆动缸、燕尾缸、下臂缸、吸盘升降缸、钳口合拢缸、吸盘、回转电动机。每个气缸的双向动作都有限位检测开关控制。

1．工作过程

显像管搬运机械手工作流程图如图 9.14 所示。其中，"摆动到清洗机"动作执行，除了要满足图 9.14 中的条件外，还有"清洗机到位"的附加条件。

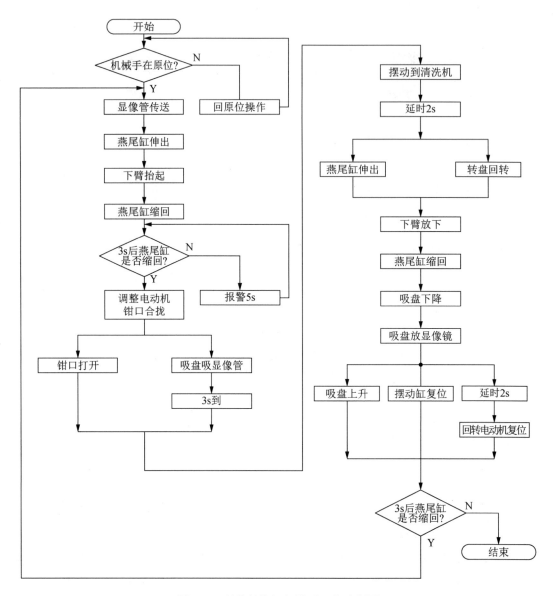

图 9.14 显像管搬运机械手工作流程图

2. 控制要求

（1）完成所要求的控制。
（2）按下停止按钮，完成当前循环后再停止。
（3）按下复位按钮，立即返回原位停止。
（4）要求可以实现手动、单周期、连续控制。

3. 设计要领

（1）图 9.14 中的"回原位操作"是指如果不在原位，要通过手动方式回原位，也就是单周期或连续工作的前提是所有运动部件都在原位。

(2) 原位条件要根据图 9.14 中的动作顺序判定。例如，燕尾缸首先伸出，可知缩回到位是其原位条件；下臂首先抬起，可知放下到位是其原位条件。

(3) 图 9.14 中"调整电动机钳口合拢"到位后，"钳口打开"和"吸盘吸显像管"应同时进行。在顺序功能图中此操作为并行序列。同理，"摆动到清洗机"后"延时 2s"时间到，"燕尾缸伸出"和"转盘回转"也是并行序列，吸盘放显像管"后的"吸盘上升""摆动缸复位""延时 2s"也是并行序列。

(4) 控制要求中的"按下复位按钮，立即返回原位停止"是指所有运动部件包括燕尾缸、下臂、钳口、吸盘、摆动缸均回原位。

(5) 按照图 9.14 所示的工作流程图设计顺序功能图。

(6) 控制要求中的"按下停止按钮，完成当前循环后再停止"，请参考 9.1 节中的设计要领（3）。

9.19 液体灌装机控制系统设计

灌装机包括纵向气缸（实现前后运动）、横向气缸（实现左右运动）、升降气缸（实现升降运动）、电磁阀等，如图 9.15 所示。

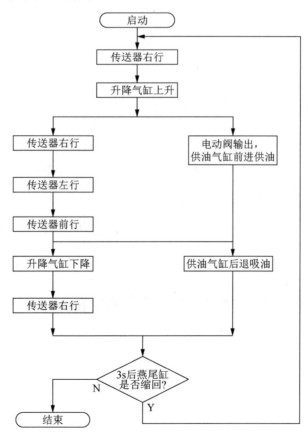

图 9.15 液体灌装机工作流程图

1. 工作过程

(1) 液体容器的传送动作。它由传送器在纵向和横向两个气缸的带动下，实现左行、右行、前行、后行。

(2) 液体容器的升降动作。它由升降气缸带动，上升到位→顶开阀头→实现灌装→灌满后→容器下降→离开阀头→返回原位。

(3) 电磁阀输出。电磁阀为二位三通电磁阀。接通时，接通油泵和容器；断开时，使油泵和容器断开，油泵和油箱接通，完成油箱吸油的动作。

(4) 供油与吸油动作。当上面的电磁阀接通时，油泵和容器接通，供油气缸前进实现供油；电磁阀断开后，油泵和油箱接通，供油气缸后退，实现吸油；

所有气缸的双向动作都有到位检测开关。

2. 控制要求

(1) 完成所要求的控制。

(2) 按下停止按钮，完成当前循环后再停止。

(3) 要求可以实现手动、单周期、连续控制。

3. 设计要领

(1) 单周期和连续工作的前提是所有运动部件处于原位。原位条件可以根据图 9.15 所示的工作流程图确定。例如，传送器先右行，可知左行到位是其原位；升降气缸先上升，可知下降到位是其原位。

(2) "升降气缸上升"到位后，"传送器右行"和"电磁阀输出，供油气缸前进供油"同时进行，为并行序列。当"传送器前行"和"电磁阀输出，供油气缸前进供油"都到位后，"升降气缸下降"和"供油气缸后退吸油"同时进行，为并行序列。

(3) 设计顺序功能图时，在每次循环结束后进行判断。若选择单周期或连续控制，并且按下停止按钮，则结束循环，返回初始步；若选择连续控制，并且未按下停止按钮，则继续循环。

(4) 控制要求中的"按下停止按钮，完成当前循环后再停止"，请参考 9.1 节中的设计要领 (3)。

9.20 全自动洗衣机的控制设计

全自动洗衣机包括两个旋钮，一个用来选择高、中、低 3 挡水位；另一个用来选择程序，可以选择正常洗涤、脱水程序。

1. 工作过程

水位选择：高、中、低 3 挡，另有 3 个水位检测传感器。

注水状态：进水阀打开，水位至所选择水位。
洗涤状态：洗涤电磁离合器接通，电动机正转 30s→停 3s→反转 30s→停 3s，循环 5 次。
漂洗状态：进水阀打开，同时完成洗涤过程，循环 3 次。
排水状态：排水阀打开，水位至排空水位检测传感器的位置。
脱水状态：脱水电磁离合器接通，电动机正转。
程序选择：正常洗涤、脱水。
正常洗涤过程：选择水位，启动，注水→洗涤→排水→脱水 150s→漂洗（注水→漂洗→排水→脱水 120s）3 次→脱水 90s，蜂鸣器间断报警 10s。
脱水过程：启动，脱水 210s。
学生可以自行增加其他功能程序。

2．控制要求

（1）可以按照要求选择水位和程序。
（2）根据选择完成相应的正常洗涤或脱水过程。
（3）可以根据平时的积累，增加控制要求。

3．设计要领

（1）停止注水的条件：选择高水位，而且到达高水位传感器的位置；选择中水位，而且到达中水位传感器的位置；选择低水位，而且到达了低水位传感器的位置。
（2）在初始步，将计数器复位。
（3）顺序功能图开始处应是"正常洗涤"和"脱水"两个选择分支。

9.21　升降电梯的控制系统设计

1．工作过程

（1）电梯为 3 层，运动包括电梯的上升和下降、开门和关门。
（2）每层设有呼叫按钮、呼叫指示灯（直接和呼叫按钮相连）、到位行程开关。一层只有上升呼叫按钮，三层只有下降呼叫按钮，二层有上升和下降两个呼叫按钮。
（3）电梯内有 1、2、3 共 3 个楼层选择按钮和开门、关门按钮。
（4）开、关门均有到位检测行程开关。
（5）门关到位，电梯才能运行。
（6）电梯开门到位后，延时 5s 后关门，或按下关门按钮优先关门。
（7）运行过程中可以记忆其他呼叫信号。
（8）到达呼叫楼层，平层后，开门，消除该层呼叫记忆。
（9）若无楼层呼叫信号，则电梯轿厢停在当前楼层。

2．控制要求

（1）完成所要求的控制。

（2）要求可以实现手动、自动控制。

3. 设计要领

（1）将3个内呼按钮和4个外呼按钮分别用位存储器制作启保停回路，接通条件是对应的呼叫按钮自锁，断开条件是到达呼叫楼层。

（2）设置上行、下行标志，电梯满足上行条件，上行标志位置1，下行标志位复位；电梯满足下行条件，下行标志位置1，上行标志位复位。

（3）电梯上升过程中（上行标志位为1），优先响应上行呼叫；电梯下降过程中（下行标志位为1），优先响应下行呼叫。

（4）电梯门必须关到位，才可以上升或下降。

（5）电梯上升的条件是：门关闭到位，电梯在一楼，有二楼或三楼的内、外呼；门关闭到位，电梯从一楼上升到二楼（上行标志位为1），有三楼的内、外呼。

（6）门关闭到位，电梯下降的条件是，电梯在三楼，有二楼或一楼的内、外呼；电梯从三楼下降到二楼（下行标志位为1），有一楼的内、外呼。

（7）开门的条件是，电梯到达所选的楼层。

9.22 车道人行道十字路口交通灯控制设计

车道人行道十字路口交通灯时序图如图9.16所示。

1. 工作过程

（1）在十字路口，要求东西方向和南北方向各通行60s。

（2）在东西方向通行时，南北方向的红灯亮60s，而东西方向的直行绿灯和人行道绿灯亮24s，再闪3s（间隔0.5s）后，人行道红灯亮。车道黄灯亮3s，然后左行绿灯亮24s，再闪3s（间隔0.5s）后黄灯亮3s。

（3）在南北方向通行时，东西方向的红灯亮60s，而南北方向的直行绿灯和人行道绿灯亮24s，再闪3s（间隔0.5s）后，人行道红灯亮。车道黄灯亮3s，左行绿灯亮24s，再闪3s（间隔0.5s）后黄灯亮3s。

（4）按照上述过程反复循环。

（5）夜间所有黄灯闪烁。

2. 控制要求

（1）完成所要求的控制循环。

（2）按下停止按钮，完成当前循环后再停止。

（3）按下夜间工作按钮，所有黄灯闪烁。

（4）要求可以实现单周期、连续控制。

第 9 章 基于 PLC 的开关量顺序控制项目实训

3. 设计要领

（1）夜间状态，双方向黄灯闪烁，可以用时钟脉冲实现。
（2）按照时序图设计顺序功能图。
（3）设计梯形图时，注意不要重线圈。
（4）时序图中绿灯的闪烁，可以用时钟脉冲实现。
（5）控制要求中的"按下停止按钮，完成当前循环后再停止"，请参考 9.1 节中的设计要领（3）。

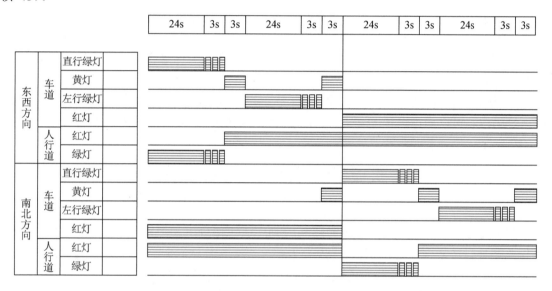

图 9.16　车道人行道十字路口交通灯时序图

9.23　自动洗车生产线控制设计

自动洗车线包括洗车区（SQ1 和 SQ2 之间）和烘干区（SQ2 和 SQ3 之间），洗车区左右两侧各有 2 个刷子，刷子可以伸出、缩回、旋转，上面有一个刷子可以上升、下降、旋转，有 4 个喷水阀，2 个喷淋洗涤液的阀门；烘干区左、右、上有 3 个吹风机，上面的吹风机可以上升和下降。传送电动机通过链条带动汽车缓慢前进、后退。

1. 工作过程

启动后，由传送电动机通过链条带动汽车缓慢前进，到达 SQ1 时，4 个喷水阀打开，两侧的刷子同时伸出并旋转，车头的刷子下降到下限位，然后旋转，并通过压力传感器的 2 个阈值保证刷子始终紧贴车体，随前后玻璃的形状上升或下降；当车体到达 SQ2 时，传送电动机反转，车体缓慢后退，同时水阀关闭，2 个洗涤液阀门打开；当退回 SQ1 时，洗涤液阀门关闭，水阀打开，同时电动机正转，车体缓慢前进；当再次到达 SQ2 时，水阀关闭，左、右、上 3 个吹风机打开，上面的吹风机先下降到下限位，然后通过测距传感器的 2 个阈值保持前风机与车体的固定距离,实现上升、不动、下降;当车体到达 SQ3 时,风机关闭,前风机上升到上限位,同时蜂鸣器和指示灯间断报警,传送电动机停止。

2. 控制要求

(1) 完成所要求的控制。
(2) 可以实现手动、自动控制。

3. 设计要领

(1) 刷子的伸出、缩回、上升、下降都有到位检测传感器进行检测。
(2) 压力传感器的 2 个阈值是指上限阈值和下限阈值,大于上限阈值时,车头刷子上升;小于下限阈值时,车头刷子下降,保证车头刷子始终和车头表面贴合。可以通过选择分支实现,2 个阈值可以用 2 个输入开关量替代。
(3) 车头上的测距传感器也有 2 个阈值,以保证车头上的吹风机始终和车头保持在一定的距离范围内。可以通过选择分支实现,2 个阈值可以用 2 个输入开关量替代。

9.24　机械手臂搬运加工控制系统设计

机械手臂搬运加工生产线示意图如图 9.17 所示。工作台 1 和工作台 2 为加工工位,传送带 A 送入工件,传送带 B 送出工件。

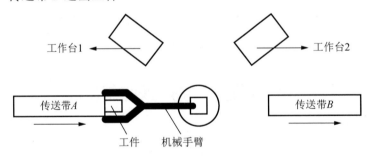

图 9.17　机械手臂搬运加工生产线示意图

1. 工作过程

传送带 A 启动,将工件送到位后停止,机械手臂取工件→右转到工作台 1→放下工件,同时传送带 A 启动,送入下一个工件。当工作台 1 加工完成后,机械手臂取工件→右转到工作台 2→放下工件→左转到传送带 A→取工件→右转到工作台 1→放下工件→右转到工作台 2 等待;当工作台 2 加工完成后,机械手臂取工件→右转到传送带 B 放下工件→传送带 B 启动,同时机械手臂左转到工作台 1 等待,如此循环。

取工件包括下降、夹紧、上升。

放下工件包括下降、松开、上升。

2. 控制要求

（1）完成所要求的控制。
（2）可以实现手动、自动控制。

3. 设计要领

（1）机械手臂取、放工件的过程可以自行设定，如取工件过程可以设定为机械手臂伸出→下降→抓取延时→上升→缩回；放工件过程可以设定为伸出→下降→松开延时→上升→缩回。
（2）机械手臂取工件和放工件可以分别设计 2 个子程序，在需要时调用。
（3）夹紧和松开工件可以采用延时程序，也可以设置到位检测传感器。其他动作均有到位检测传感器。

9.25 物业供水系统控制系统设计

某物业供水系统有 4 台水泵，3 个水压检测开关 S1、S2、S3。当水压过低时，S1 接通；当水压正常时，S2 接通；当水压过高时，S3 接通。

1. 工作过程

（1）自动工作时，当 S3 接通时，说明用水量少，水压过高，此时延时 30s 断开 1 台水泵（按照 4—3—2—1 顺序）；当 S2 接通时，说明用水量正常，水压正常，保持当前状态；当 S1 接通时，说明用水量多，水压过低，此时延时 30s 接通 1 台水泵（按照 1—2—3—4 顺序）；工作时，要求处于工作状态的水泵最少 1 台，最多 4 台。
（2）各个水泵工作时，要求对应的工作指示灯亮。
（3）手动工作时，要求各台水泵可以独立控制每台水泵都有过载保护，每台水泵启动时，均采用降压启动。

2. 控制要求

（1）完成所要求的控制。
（2）可以实现手动、自动控制。

3. 设计要求

（1）画出端子分配图。
（2）设计顺序功能图。
（3）设计 PLC 梯形图。
（4）模拟调试。
（5）撰写设计说明书。

4. 设计要领

(1) 根据前面的工作过程,其工作流程图可参考图 9.18。

(2) 启动后,首先接通水泵 1,然后判断 S1 状态,S1 为 1,则接通水泵 2。从水泵 2 接通开始,每接通或断开一个水泵,都需要两个分支选择进行判断:S1 为 1,此时继续接通下一台水泵;S3 为 1 或按下停止按钮,则断开最近接通的水泵。当水泵 4 接通后,则需要判断 S3 的状态,S3 为 1 或按下停止按钮,则断开水泵 4。当水泵 2 断开后,如果按下停止按钮,则断开水泵 1,结束。

(3) 参照图 9.18 设计顺序功能图。

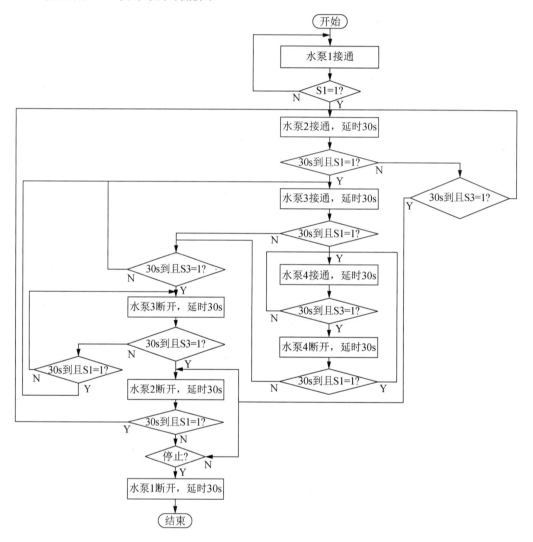

图 9.18 物业供水工作流程图

9.26 自动药片装瓶机控制系统设计

1. 工作过程

自动药片装瓶机示意图如图 9.19 所示。可以通过开关 S1～S3（3 选 1）选择装瓶的药片数量（3、5、7），并分别由 3 个指示灯显示。当选定数量后，按下启动按钮，电动机带动传送带运动，在延时 5s（或由传感器检测药瓶到达）后，传送带停止，电磁阀 Y 打开，药片进入瓶中，并由传感器 B1 计数，计满后，电磁阀关闭，传送带启动。在改变装瓶数量后，只有当前瓶装满后，下一个瓶才能开始改变。

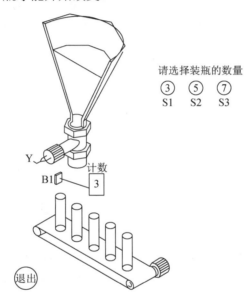

图 9.19　自动药片装瓶机示意图

2. 控制要求

（1）完成所要求的控制。
（2）要求可以实现手动和自动控制。
（3）按下停止按钮，当前瓶装满后停止。

3. 设计要领

（1）设计顺序功能图时，初始步将计数器复位。
（2）可以用 3 个计数器分别计数。例如，当选择药片数量为 3 时，用计数器 1 计数，设定值为 3；当选择药片数量为 5 时，用计数器 2 计数，设定值为 5；当选择药片数量为 7 时，用计数器 3 计数，设定值为 7。
（3）要实现"在改变装瓶数量后，只有当前瓶装满后，下一个瓶才能开始改变"，需要做如下判断：如果选择的瓶装数量是 3 片，则计满后判断是否选择了 5 片或 7 片；同理，如果选择的瓶装数量是 5 片，则计满后判断是否选择了 3 片或 7 片；如果选择的瓶装数量是 7 片，则计满后判断是否选择了 3 片或 5 片。

9.27　五相十拍步进电动机控制系统设计

五相十拍步进电动机有五个绕组 A、B、C、D、E。

1. 工作过程

正转时绕组通电顺序：ABC—BC—BCD—CD—CDE—DE—DEA—EA—EAB—AB。
反转时绕组通电顺序：AB—EAB—EA—DEA—DE—CDE—CD—BCD—BC—ABC。
速度选择开关可以选择如下 3 种速度。
低速：每隔 0.5s 改变一次通电状态。
中速：每隔 0.1s 改变一次通电状态。
高速：每隔 0.03s 改变一次通电状态。
方向选择开关可以选择正、反两个方向。

2. 控制要求

完成所要求的控制。

3. 设计要领

（1）按照绕组通电顺序画出时序图，按照时序图设计顺序功能图。
（2）3 种速度由 0.5s、0.1s、0.03s 这 3 个定时器控制，定时器前面串接自身的常闭触点，可以实现自复位反复定时。

9.28　化学反应装置的控制系统设计

图 9.20 是一个化学反应装置示意图，它由 4 个容器组成，容器之间用泵和管道连接。每个容器装有上限位和下限位 2 个传感器。

1. 工作过程

泵 P1 和泵 P2 同时开启，分别把 1 号和 2 号池灌满（到其上限位）后关闭；然后加热 2 号容器，当温度达到 60℃时，温度传感器发出信号，加热器关闭，P3 和 P4 泵同时打开，分别将 1 号和 2 号池的溶液送到 3 号反应池；当液位到达上限位后，P3、P4 关闭，3 号池中的搅拌器工作，60s 后 P5 泵启动，将混合液抽入 4 号成品池中；当 4 号池满或 3 号池空时，P5 关闭，P6 泵启动，排出新产品溶液，直到 4 号池空，完成一个循环。

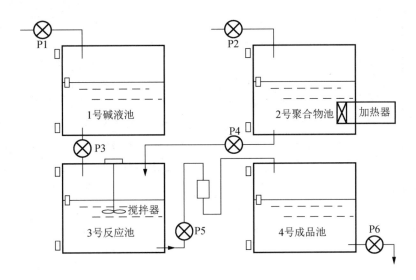

图 9.20 化学反应装置示意图

2. 控制要求

（1）完成所要求的控制。
（2）可以实现手动、自动控制。

3. 设计要领

（1）当液面达到或高于限位传感器时，该限位传感器有信号；当液面低于限位传感器时，该限位传感器没有信号。
（2）循环初始条件为各个池无液体，也就是各个池的下限位传感器均没有信号。
（3）某个池满，说明该池的上限位传感器有信号；某个池为空，说明该池的下限位传感器没有信号。
（4）根据工作过程和控制要求设计顺序功能图，再根据顺序功能图设计梯形图。

9.29 水位控制系统设计

利用变频器控制水泵的交流电动机，变频器的 3 个开关量输入组合（001、111），可以提供 7 组固定频率（0Hz、10Hz、15Hz、20Hz、30Hz、40Hz、50Hz）。

水位检测用 4 个水位检测传感器，有水时有信号，无水时无信号。开关 1、开关 2 的目的是将水位分成 3 种状态，Ⅰ表示水位偏高，Ⅱ表示水位适中，Ⅲ表示水位偏低，如图 9.21 所示。

1. 工作过程

（1）上限位：当水位在上限位及以上时，变频器 3 个开关量的输入状态应该为 001（0Hz）。

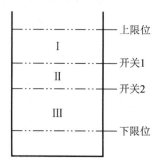

图 9.21 水位检测图

(2) 下限位：当水位在下限位及以下时，变频器 3 个开关量的输入状态应该为 111（0Hz）。

(3) 状态Ⅰ：延时一段时间（自定），若仍然为状态Ⅰ，则变频器 3 个开关量组合减 1，即下调一个级别，直至进入状态Ⅱ。

(4) 状态Ⅱ：不变。

(5) 状态Ⅲ：延时一段时间（自定），若仍然为状态Ⅲ，则变频器 3 个开关量组合加 1，即上调一个级别，直至进入状态Ⅱ。

最终目标是使水位稳定在状态Ⅱ。

2. 控制要求

完成所要求的控制。

3. 设计要领

(1) 用位存储器分别针对 5 种状态设计启保停回路。

(2) 上限位有信号，下限位无信号。状态Ⅰ：开关 1 有信号而上限位无信号。状态Ⅱ：开关 2 有信号而开关 1 无信号。状态Ⅲ：下限位有信号而开关 2 无信号。

(3) 用一个输出通道的低三位作为输出，需要变频器 3 个开关量组合减 1，可以让该输出通道减 1；同理，需要变频器 3 个开关量组合加 1，可以让该输出通道加 1。

第 10 章

位置与速度控制的机电综合项目实训

本章主要针对位置控制和速度控制,分别采用 S7-200 PLC、欧姆龙 CP1H PLC 进行实训。涉及的电动机包括交流伺服电动机、步进电动机、三相交流异步电动机与变频器、编码器组合。

10.1 数控车床伺服进给系统双轴步进电动机控制系统设计

数控车床的进给系统包括 X 和 Z 两个进给轴,分别由两个步进电动机驱动,步进电动机驱动器如图 10.1 所示。两个轴的速度曲线如图 10.2 所示。

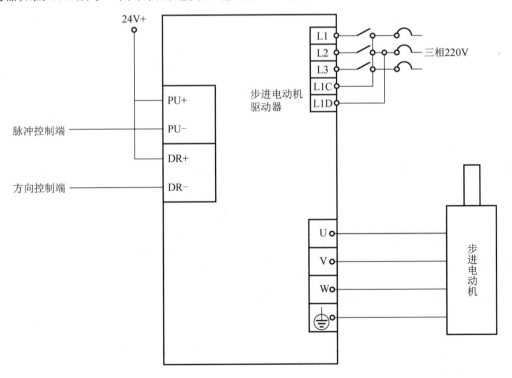

图 10.1 步进电动机驱动器

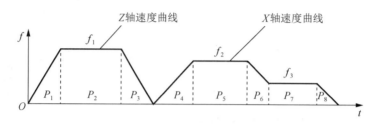

图 10.2 速度曲线

$f_1 \sim f_3$—频率；$P_1 \sim P_8$—脉冲数

10.1.1 基于 S7-200 PLC 的控制系统设计

两台电动机的脉冲控制端分别接 S7-200 PLC 的 Q0.0 和 Q0.1,方向控制端分别接 Q0.2、Q0.3。

图 10.2 中的每一个参数都应该对应一个存储地址,可根据其列出变量与地址的对应表。推导计算 f_1、f_2、f_3 对应的周期表达式,用 PLC 程序计算(起始周期已知)。

利用脉冲完成中断判断各个轴的运动是否结束。

PTO/PWM 控制字节 SMB67/SMB77 说明如表 10.1 所示,PTO/PWM 其他重要控制字节如表 10.2 所示。

表 10.1 PTO/PWM 控制字节 SMB67/SMB77 说明

Q0.0	Q0.1	说明
SM67.0	SM77.0	PTO/PWM 更新周期：0=无更新，1=更新周期请求
SM67.1	SM77.1	PWM 更新脉宽时间：0=无更新，1=更新脉宽请求
SM67.2	SM77.2	PTO/PWM 更新脉冲计数值：0=无更新，1=更新脉冲计数请求
SM67.3	SM77.3	PTO/PWM 时间基准：0=1μs，1=1ms
SM67.4	SM77.4	PWM 更新方法：0=异步，1=同步
SM67.5	SM77.5	PTO 单个/多个段操作：0=单个，1=多个
SM67.6	SM77.6	PTO/PWM 模式选择：0=PTO，1=PWM
SM67.7	SM77.7	PTO/PWM 启用：0=禁止，1=启用

表 10.2 PTO/PWM 其他重要控制字节

Q0.0	Q0.1	说明
SMW68	SMW78	PTO/PWM 周期数值范围：2～65 535
SMW70	SMW80	PWM 脉宽数值范围：0～65 535
SMW72	SMW82	PTO 脉冲计数器数值范围：1～4、294、967、296
SMW166	SMW176	进行中的段数（仅在多段 PTO 操作中）
SMW168	SMW178	P 包络线的起始位置，用从 V0 开始的字节偏移表示（仅在多段 PTO 操作中）
SMW170	SMW180	线性包络线状态字节
SMW171	SMW181	线性包络结果寄存器
SMW172	SMW182	手动模式频率寄存器

程序结构参考如下。

(1) 调用计算子程序(包括计算 f_1、f_2、f_3 对应的周期、周期增量,同时将速度曲线每一段直线的起始周期、周期增量、脉冲数写入以某一地址为起始的对应内存单元)。

(2) 调用高速脉冲初始化子程序,包括:

① 将 Q0.0、Q0.1 清零。

② 参照表 10.1 确定控制字节 SMB67/SMB77 的内容,并通过 MOV_B 指令写入。

③ 将包络表起始地址写入 SMB168/SMB178。

④ 设置脉冲完成中断(ATCH),中断事件为 19(Q0.0)/20(Q0.1),允许中断(ENI)。

(3) 启动后,执行 Z 轴的 PLS 指令,当 Z 轴中断标志位为 1(在脉冲完成中断子程序中置位该标志位)时,用 MOV_B 指令将 0 送给 SMB67(假设 Z 轴由 Q0.0 控制),同时将 Z 轴的脉冲输出完成标志位复位为 0。

(4) 执行 X 轴的 PLS 指令,X 轴中断标志位为 1 时,用 MOV_B 指令将 0 送给 SMB77(假设 X 轴由 Q0.1 控制),同时将 X 轴的脉冲输出完成标志位复位为 0,结束。

设计内容与要求如下。

(1) 设计 S7-200 PLC 与步进电动机驱动器的接线图。

(2) 建立相关的数学模型。

(3) 双轴分时进给,Z 轴按照加速—匀速—减速的速度曲线,X 轴按照加速—匀速—减速 1-减速 2 的速度曲线,设计 PLC 控制梯形图。

(4) 撰写设计说明书。

10.1.2 基于 CP1H PLC 的控制系统设计

CP1H PLC 输出端子如图 10.3 所示。

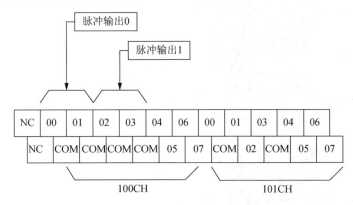

图 10.3 CP1H PLC 输出端子

推导各个加减速段的加减速比例(先计算每个加减速段的时间 t,再计算加减速比率,即 4ms 的频率增量),用 PLC 程序计算。

用脉冲输出中或脉冲输出结束标志,判断各个轴的运动是否结束。CP1H PLC 脉冲输出中和脉冲输出结束标志如表 10.3 所示。

程序参考结构如下。

(1) 参数计算与存储。

(2) 启动后,沿 Z 轴曲线运行,通过 Z 轴脉冲输出中或脉冲完成标志,判断 Z 轴曲线是否完成。

(3) Z 轴完成,沿 X 轴曲线运行,通过 X 轴脉冲输出中或脉冲完成标志,判断 X 轴曲线是否完成。

表 10.3 CP1H PLC 脉冲输出中和脉冲输出结束标志

状态	位	高速脉冲输出 0	高速脉冲输出 1	高速脉冲输出 2	高速脉冲输出 3
脉冲输出结束标志 通过 PULS/PLS2 指令设定的脉冲量结束输出时,为 ON	0：输出未结束 1：输出结束	A280.03	A281.03	A326.03	A327.03
脉冲输出中标志 脉冲输出中时,为 ON	0：停止中 1：输出中	A280.04	A281.04	A326.04	A327.04

10.2 伺服电动机驱动的数控车床双轴伺服进给系统控制系统设计

数控车床包括两个进给轴，分别由两个交流伺服电动机驱动。

交流伺服电动机伺服驱动器如图 10.4 所示。速度曲线如图 10.5 所示。上电运行时，应该首先启动伺服驱动器，即通过 PLC 输出继电器 KA1 线圈，用 KA1 的触点接通伺服驱动器的 SRV-ON，当伺服驱动器启动完毕，S-RDV 输出（KA2 线圈通电），KA2 的触点接到 PLC 的输入端，PLC 接收到这个信号才能开始控制电动机工作。

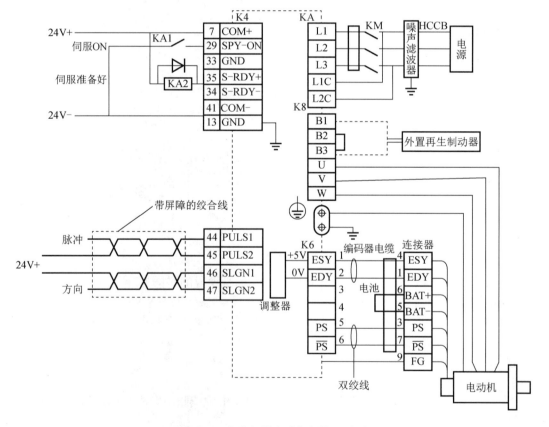

图 10.4 交流伺服电动机伺服驱动器

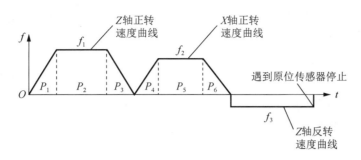

图 10.5 速度曲线

$f_1 \sim f_3$—频率；$P_1 \sim P_6$—脉冲数

10.2.1 基于 S7-200 PLC 的控制系统设计

两台电动机的脉冲控制端分别接 Q0.0 和 Q0.1，方向控制端分别接 Q0.2、Q0.3。Q0.0 与 Q0.1 相关的控制字节和重要的控制字节参见表 10.1 和表 10.2。

程序结构参考如下。

（1）调用计算子程序（包括计算各段周期、周期增量，同时将速度曲线每一段线的起始周期、周期增量、脉冲数写入对应的内存单元）。

（2）高速脉冲输出初始化子程序，包括：

① 将 Q0.0、Q0.1 清零。

② 设置控制字节 SMB67/SMB77。

③ 将包络表起始地址写入 SMB168/SMB178。

④ 设置脉冲完成中断（ATCH）、中断事件（19/20）、允许中断（ENI）。

（3）启动后，首先输出伺服启动信号（SRV-ON）启动两个伺服驱动器，当接收到两个伺服驱动器的伺服准备好信号（SRV-RDY）后，开始控制两个伺服电动机运行。

（4）执行 Z 轴的 PLS 指令，当 Z 轴中断标志位为 1（在 Z 轴脉冲完成中断子程序中置位该标志位），用 MOV_B 指令将 0 送给 SMB67（假设 Z 轴由 Q0.0 控制），同时将 Z 轴的脉冲输出完成标志位复位为 0。

（5）执行 X 轴的 PLS 指令，当 X 轴中断标志位为 1（在 X 轴脉冲完成中断子程序中置位该标志位），则用 MOV_B 指令将 0 送给 SMB77（假设 X 轴由 Q0.1 控制），同时将 X 轴的脉冲输出完成标志位复位为 0。

（6）用单管段控制 Z 轴反转，通过 SMW68（或 SMW78）设置周期，通过 SMD72（或 SMD82）设置脉冲数，遇原位停止［用 MOV_B 指令将 0 送给 SMB67（假设 Z 轴由 Q0.0 控制）］，结束。

设计内容与要求如下。

（1）设计 S7-200 PLC 与两个伺服电动机驱动器的接线图。

（2）建立相关的数学模型。

（3）双轴分时进给，Z 轴按照加速—匀速—减速的速度曲线正转，X 轴按照加速—匀速

—减速的速度曲线正转，Z 轴按照匀速（低速）的速度曲线反转，设计 PLC 控制梯形图。

（4）撰写设计说明书。

10.2.2 基于 CP1H PLC 的控制设计

CP1H PLC 输出端子如图 10.3 所示。

推导各个加减速段的加减速比率（先计算每个加减速段的时间 t，再计算加减速比率，即 4ms 的频率增量），用 PLC 程序计算。

利用脉冲输出中和脉冲输出结束标志（表 10.3），判断各个轴的运动是否结束。

程序参考结构如下。

（1）参数计算与存储。

（2）启动后，首先输出伺服启动信号（SRV-ON），当收到两个伺服驱动器的伺服准备好信号（SRV-RDY）后，开始下面步骤。

（3）沿 Z 轴正转曲线运行，可以用 PLS2 指令或 PULS 与 ACC 指令组合实现通过 Z 轴脉冲输出中和脉冲完成标志，判断 Z 轴正转曲线是否完成。

（4）Z 轴完成后，沿 X 轴曲线运行，可以用 PLS2 指令或 PULS 与 ACC 指令组合实现通过 X 轴脉冲输出中和脉冲完成标志，判断 X 轴曲线是否完成。

（5）X 轴完成后，沿 Z 轴反转曲线运行，可以用 SPED 指令，通过原位传感器判断 Z 轴反转曲线是否完成。

设计内容与要求如下：

首先设计 CP1H PLC 与两个伺服电动机驱动器的接线图；其余内容与 10.2.1 节相同，这里不再赘述。

10.3 伺服电动机驱动的数控车床双轴伺服进给系统逐点插补控制系统设计

数控车床的两个进给轴分别采用交流伺服电动机驱动，双轴采用逐点比较法实现插补运动。

交流伺服电动机伺服驱动器如图 10.4 所示。上电运行时，应该首先启动伺服驱动器，通过控制器输出驱动 KA1 线圈，接通伺服驱动器的 SRV-ON，当伺服驱动器启动完毕，S-RDV 输出（KA2 线圈通电），触点接到 PLC 输入端，PLC 接收到这个信号才能开始控制电动机工作。

已知：起点坐标(0,0)，终点坐标(Y_e, X_e)，单位为脉冲当量的个数。要求实现 4 个象限直线插补（最低要求：要完成一个象限的）。逐点比较法直线插补流程图如图 10.6 所示。

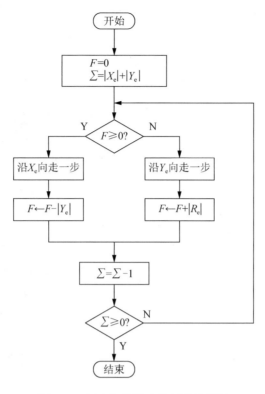

图 10.6 逐点比较法直线插补流程图

10.3.1 基于 S7-200 PLC 的控制系统设计

两台伺服电动机驱动器的脉冲控制端分别接 Q0.0 和 Q0.1,方向控制端分别接 Q0.2 和 Q0.3。用单管段线实现每一步。单段管线通过 SMW68(或 SMW78)设置周期,通过 SMD72(或 SMD82)设置脉冲数。可以在初始化子程序中分别设置两个轴的脉冲完成中断。通过中断标志位判断当前步是否完成。

与 Q0.0 和 Q0.1 相关的控制字节和重要的控制字节参见表 10.1 和表 10.2。

程序参考结构如下。

(1)将 Q0.0、Q0.1 过程映像寄存器清零。

(2)设置中断(ATCH)、中断事件(19/20)、允许中断(ENI)。

(3)启动后,首先输出伺服启动信号(SRV-ON),当接收到两个伺服驱动器的伺服准备好信号(SRV-RDY)后,开始下面步骤。

(4)计算、判断。

(5)用单管段线实现每一步:通过 SMW68(或 SMW78)设置周期,通过 SMD72(或 SMD82)设置脉冲数,沿 X 轴或 Y 轴走一步。

(6)通过中断标志位判断当前步是否完成。

(7)判断总步数是否完成,若否,返回 4。

设计内容与要求如下。

(1)设计 S7-200 PLC 与两个伺服电动机驱动器的接线图。

(2) 建立相关的数学模型。

(3) 实现第 I 象限直线逐点比较插补，设计 PLC 控制梯形图。

(4) 撰写设计说明书。

10.3.2　基于 CP1H PLC 的控制系统设计

插补过程通过 PULS 和 SPED 指令实现每一步的驱动。通过脉冲输出中和脉冲完成标志判断当前步是否完成。

CP1H PLC 脉冲输出中和脉冲输出结束标志如表 10.3 所示。

程序结构如下。

(1) 启动后，首先输出伺服启动信号（SRV-ON），当接收到两个伺服驱动器的伺服准备好信号（SRV-RDY）后，开始下面步骤。

(2) 计算、判断。

(3) 用 PULS 设置脉冲数，SPED 设置频率，完成沿 X 轴或 Y 轴走一步。

(4) 通过脉冲输出中和脉冲完成标志，判断当前步是否完成。

(5) 判断总步数是否完成，若否，返回 2。

设计内容与要求如下。

首先设计 CP1H PLC 与两个伺服电动机驱动器的接线图。其余内容与 10.3.1 节相同，这里不再赘述。

10.4　交流电动机-变频器（模拟量）驱动的数控机床主轴准停控制系统设计

数控机床的主传动采用交流电动机-变频器驱动，通过编码器进行位置和速度检测，从而实现主轴准停控制。编码器如图 10.7 所示。变频器如图 10.8 所示。通过频率输入端 A1（电压信号）或 A2（电流信号）控制交流电动机。速度曲线如图 10.9 所示。

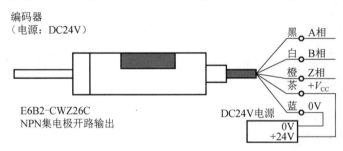

图 10.7　编码器

第10章 位置与速度控制的机电综合项目实训

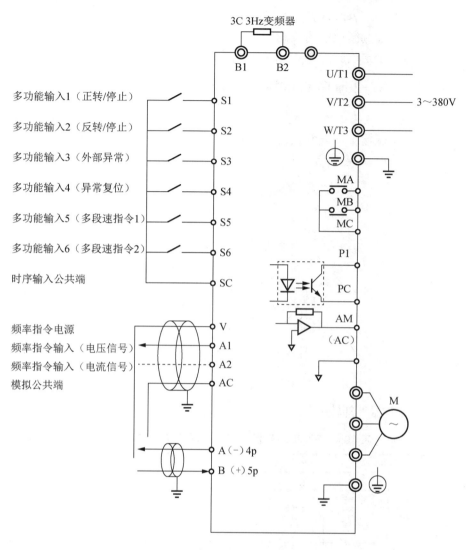

图 10.8 变频器

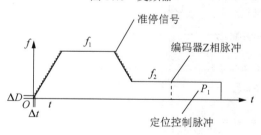

图 10.9 速度曲线

f_1、f_2—频率；P_1—脉冲数；ΔD—内对应的数值量

加减速的实现：已知 f_1、f_2、f_{max}、加速时间 t、定位控制脉冲 P_1，f_{max} 对应最大数值量，按照线性关系计算 f_1、f_2 对应的数值量 D_1 和 D_2，Δt（如 10ms）对应的增量 ΔD，然后按照定时累加的方式加速，定时累减的方式减速。

减速时,当速度等于 f_2 时,开始判断编码器 Z 相信号,有信号则开始定位控制。

定位控制可以通过判断读取的编码器脉冲与定位脉冲是否相等来实现。高速计数器记录的编码器脉冲是否等于定位脉冲 P_1,相等则结束定位,将 0 送给 DA 输出通道。

10.4.1 基于 S7-200 PLC 的控制系统设计

S7-200(224XP)PLC 内置有 AD、DA,如图 10.10 所示。其中,M 为公共端,与变频器 AC 连接;V 为电压输出,与变频器 A1 连接;I 为电流输出,与变频器 A2 连接。电压与电流选其一即可。变频器 V 接电源。

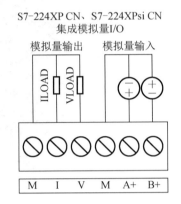

图 10.10 S7-200(224XP)PLC

S7-200 高速计数器外部输入信号和工作模式如表 10.4 所示。

表 10.4 S7-200 高速计数器外部输入信号和工作模式

模式	中断描述	输入点			
	HSC0	I0.0	I0.1	I0.2	
	HSC1	I0.6	I0.7	I1.0	I1.1
	HSC2	I1.2	I1.3	I1.4	I1.5
	HSC3	I0.1			
	HSC4	I0.3	I0.4	I0.5	
	HSC5	I0.4			
0	带内部方向输入信号的单相加/减计数器	时钟			
1		时钟		复位	
2		时钟		复位	启动
3	带外部方向输入信号的单相加/减计数器	时钟	方向		
4		时钟	方向	复位	
5		时钟	方向	复位	启动
6	带加减计数时钟脉冲输入的双相计数器	加时钟	减时钟		
7		加时钟	减时钟	复位	
8		加时钟	减时钟	复位	启动
9	A/B 相正交计数器	A 相时钟	B 相时钟		
10		A 相时钟	B 相时钟	复位	
11		A 相时钟	B 相时钟	复位	启动

定义了计数器和工作模式之后,还要设置高速计数器的有关控制字节,如表 10.5 所示。每个高速计数器均有一个控制字节,它决定了计数器的计数允许或禁用、计数方向、装入初始值和预设值。

表 10.5 高速计数器的控制字节

HSC0	HSC1	HSC2	HSC3	HSC4	HSC5	说明
SM37.0	SM47.0	SM57.0	—	SM147.0	—	0—复位信号高电平有效;1—低电平有效
—	SM47.1	SM57.1	—	—	—	0—启动信号高电平有效;1—低电平有效
SM37.2	SM47.2	SM57.2	—	SM147.2	—	0—4 倍频有效;1—1 倍频有效
SM37.3	SM47.3	SM57.3	SM137.3	SM147.3	SM157.3	0—减计数;1—加计数
SM37.4	SM47.4	SM57.4	SM137.4	SM147.4	SM157.4	写入计数方向:0—不更新;1—更新计数方向
SM37.5	SM47.5	SM57.5	SM137.5	SM147.5	SM157.5	写入预设值:0—不更新;1—更新预设值
SM37.6	SM47.6	SM57.6	SM137.6	SM147.6	SM157.6	写入当前值:0—不更新;1—更新当前值
SM37.7	SM47.7	SM57.7	SM137.7	SM147.7	SM157.7	HSC 允许:0—禁止 HSC;1—允许 HSC

高速计数器的当前值和预设值地址如表 10.6 所示。

表 10.6 高速计数器的当前值和预设值地址

高速计数器号	HSC0	HSC1	HSC2	HSC3	HSC4	HSC5
新当前值(仅装入)	SMD38	SMD48	SMD58	SMD138	SMD148	SMD158
新预设值(仅装入)	SMD42	SMD52	SMD62	SMD142	SMD152	SMD162
当前计数值(仅读出)	HC0	HC1	HC2	HC3	HC4	HC5

DA 输出通道为 AQW0。

程序参考结构如下。

(1)高速计数器初始化子程序(以 HSC0 为例)包括:

① 用 MOV_B 指令将控制字节写入 SMB37,允许计数、更新当前值、加计数。

② 用 MOV_DW 指令将高速计数器 0 的当前值存放地址(SMD38)清零。

③ 用 HDEF 指令给高速计数器 0 设置模式。

④ 用 HSC 指令启用高速计数器。

(2)计算:已知参数为 f_1、f_2、f_{max}、加速时间 t、定位控制脉冲 P_1,f_{max} 对应最大数值量为 32 000,按照线性关系计算 f_1 和 f_2 对应的数值量 D_1 和 D_2,Δt(如 10ms)对应的增量 ΔD。

(3)启动后,按照定时累加的方式加速,累加值送入 DA 输出通道 AQW0,同时比较累加值是否大于等于 D_1,满足则停止累加。

(4)当有准停信号时,按照定时累减的方式减速,同时比较累加值是否小于等于 D_2,满足则停止累减。

(5)当有编码器 Z 相脉冲信号时,开始定位控制,通过正跳变指令将高速计数器当前值清零,用比较指令比较高速计数器记录的编码器的脉冲数是否等于定位脉冲 P_1,相等则结束定位,将 0 送给 AQW0 通道。

设计内容与要求如下。

(1)设计 S7-200 PLC 与交流电动机变频器、编码器的接线图。

（2）建立相关的数学模型。

（3）用模拟量通过变频器控制交流电动机实现主轴准停控制，设计 PLC 控制梯形图。

（4）撰写设计说明书。

10.4.2 基于 CP1H PLC 的控制系统设计

CP1H PLC 内置有两路 DA，如图 10.11 所示。COM 为公共端，与变频器 AC 连接；VOUT 为电压输出，与变频器 A1 连接；IOUT 为电流输出，与变频器 A2 连接。电压与电流选其一即可。变频器 V 接电源。

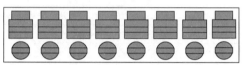

VOUT1	模拟输出1电压输出
IOUT1	模拟输出1电流输出
COM1	模拟输出1COM
VOUT2	模拟输出2电压输出
IOUT2	模拟输出2电流输出
COM2	模拟输出2COM
AG	模拟0V

图 10.11　CP1H PLC 内置 DA

CP1H PLC 高速计数器的输入端子分配如表 10.7 所示。

表 10.7　CP1H PLC 高速计数器的输入端子分配

输入端子台		通过 PLC 系统设定将高速计数器 0、1、2、3 设定为使用时的功能
通道	编号（位）	
0CH	00	—
	01	高速计数器 2（Z 相/复位）
	02	高速计数器 1（Z 相/复位）
	03	高速计数器 0（Z 相/复位）
	04	高速计数器 2（A 相/加法/计数输入）
	05	高速计数器 2（B 相/减法/方向输入）
	06	高速计数器 1（A 相/加法/计数输入）
	07	高速计数器 1（B 相/减法/方向输入）
	08	高速计数器 0（A 相/加法/计数输入）
	09	高速计数器 0（B 相/减法/方向输入）
	10	高速计数器 3（A 相/加法/计数输入）
	11	高速计数器 3（B 相/减法/方向输入）
1CH	00	高速计数器 3（Z 相/复位）
	01～11	—

DA 输出通道为 210。

定位控制可以启用高速计数器的目标值一致比较功能，具体步骤如下。

（1）在 PLC 设定界面的"内置输入设置"中进行高速计数器的设定。

（2）添加中断任务。

程序参考结构如下。

(1)计算：已知参数 f_1、f_2、f_{max}、加速时间 t、定位控制脉冲 P_1，f_{max} 对应最大数值量 6 000（或 12 000），按照线性关系计算 f_1 和 f_2 对应的数值量 D_1 和 D_2，Δt（如 10ms）对应的增量 ΔD。

(2)启动后，按照定时累加的方式加速，累加值送入 DA 输出通道 210，同时比较累加值是否大于等于 D_1，满足则停止累加。

(3)当有准停信号时，按照定时累减的方式减速，同时比较累加值是否小于等于 D_2，满足则停止累减。

(4)当有编码器 Z 脉冲信号时，开始定位控制，执行 CTBL 指令。

(5)当中断程序中置位的标志位为 1，则结束，210 通道送 0。

设计内容与要求：首先设计 CP1H PLC 与交流电动机变频器、编码器的接线图；其余内容与 10.4.1 节相同，这里不再赘述。

10.5 交流电动机–变频器（开关量）驱动的数控机床主轴准停控制系统设计

数控机床的主传动采用交流电动机-变频器驱动，通过编码器进行位置和速度检测，从而实现主轴准停控制。编码器如图 10.7 所示。变频器如图 10.8 所示。通过变频器的 S1 端控制电动机的启停，通过多功能开关 S5、S6 控制交流电动机的速度，可以在 PLC 的输出端控制继电器 KA1～KA3 的线圈，再将 KA1～KA3 的触点接到变频器的 S1 端及 S5、S6 端。速度曲线如图 10.12 所示。通过变频器设置对应的频率和加减速时间。

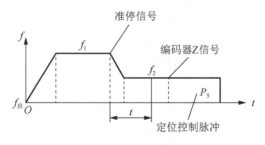

图 10.12 速度曲线

f_1、f_2—频率；P_5—脉冲数

控制要求如下。

(1)按启动按钮，通过多功能开关 S5、S6 控制，实现加速—匀速（f_1）。

(2)有准停信号，通过多功能开关 S5、S6 控制，实现减速—匀速（f_2），同时定时 10s。

(3)定时时间到，则判断编码器 Z（零位）相信号。

(4)若有 Z 相信号，则通过读取编码器的脉冲数实现定位准停控制（匀速—停）。

加减速的实现：

(1) f_1、f_2、加减时间 t 由变频器的多段速参数设置，要求在变频器上预先设置好；

(2)通过 PLC 控制 KA2、KA3 实现速度控制。

定位控制可以通过读取编码器的脉冲控制实现。编码器的脉冲等于定位脉冲 P_5，则到位，定位结束。

10.5.1 基于 S7-200 PLC 的控制系统设计

S7-200 高速计数器外部输入信号如表 10.4 所示，高速计数器的有关控制字节如表 10.5 所示，高速计数器的当前值和预设值地址如表 10.6 所示。

高速计数器初始化子程序同 10.4.1 节，这里不再赘述。

程序参考结构如下。

（1）高数计数器初始化子程序。

（2）启动后，按照变频器的多段速方式实现加速—匀速。

（3）当有准停信号时，按照变频器的多段速方式实现减速—匀速，同时定时。

（4）定时时间到，检测编码器的 Z 相脉冲信号。

（5）当有编码器 Z 相脉冲信号时，开始定位控制，用比较指令比较高速计数器记录的编码器脉冲是否等于定位脉冲 P_5，相等则结束定位，停止多段速输出。也可以采用中断方式，高速计数器的当前值与预设值相等产生中断，停止多段速输出。

设计内容与要求如下。

（1）设计 S7-200 PLC 与交流电动机变频器、编码器的接线图。

（2）建立相关的数学模型。

（3）通过变频器多功能开关控制交流电动机实现主轴准停控制，设计 PLC 控制梯形图。

（4）撰写设计说明书。

10.5.2 基于 CP1H PLC 的控制系统设计

CP1H PLC 高速计数器的输入端子分配如表 10.7 所示。

定位控制可以启用高速计数器的目标值一致比较功能，达到目标值时，产生中断，在中断程序中置位标志位，主程序中判断标志位，为 1 则结束定位。具体步骤同 10.4.2 节，这里不再赘述。

程序参考结构如下。

（1）启动后，按照变频器的多段速方式实现加速—匀速。

（2）当有准停信号时，按照变频器的多段速方式实现减速—匀速，同时定时。

（3）定时时间到，检测编码器的 Z 相脉冲信号。

（4）当有编码器 Z 相脉冲信号时，开始定位控制，执行 CTBL 指令。

（5）当中断程序中置位的标志位为 1，则结束，停止多段速输出。

设计内容与要求如下：首先设计 CP1H PLC 与交流电动机变频器、编码器的接线图；其余内容与 10.5.1 节相同，这里不再赘述。

第 11 章

机电系统综合创新实训

本章内容旨在从多方面训练学生对机电系统检测与控制的综合能力、创新能力、工程应用能力。

11.1 机电系统测控实训

机电系统测控实训项目基于 Nextmech 机电一体化综合教学平台，旨在锻炼学生工程设计和测控的综合应用能力，充分发挥学生的创新能力。

1. 实训目的

（1）通过设计、搭建机器人硬件结构，使学生初步掌握机械结构建模与仿真、结构运动学与动力学分析的基本方法和过程。

（2）了解常用传感器、舵机的使用方法，使学生初步具有选择、安装、编程控制传感器及舵机的能力。

（3）通过编程实现机器人的基本动作及功能，使学生初步掌握 ARM 的控制原理及使用方法。

（4）培养学生查阅资料、运用知识的能力，培养学生撰写论文和表述问题的能力。

（5）培养学生正确的设计思想、严谨的作风、创新意识和团队精神，使学生将书本的理论知识和实践经验真正融入自己的知识链，提高综合能力。

2. 实验开发平台

（1）Nextmech 硬件套件。

（2）LabVIEW 软件。

11.1.1 实验开发平台简介

Nextmech 机电一体化套件是专门为工科院校师生设计的机电一体化创新套件，结合了机械、电子、传感器、计算机软/硬件、控制、人工智能和虚拟仪器等众多的先进技术，帮助学生在动手中培养综合创新能力。Nextmech 机电一体化套件使用 LabVIEW 软件，套件中包含大量的舵机、机械结构件、传感器等，以 Nextcore（ARM7）为核心。Nextcore 使用 LPC23

××系列 ARM 为主要芯片，支持 LabVIEW 对 Nextcore 进行编程和下载，并提供底层驱动，方便客户二次开发及功能扩展。学生可以通过套件中的机械零件和传感器搭建所需要的机械结构来完成创新类实验。Nextmech 机电一体化套件具有以下特点。

（1）突出的机构设计。Nextmech 设计思路是用各种具备"积木"特性的基础机械套件搭建出各种各样的机械机构。

（2）Nextmech 控制器使用高性能的 ARM 核心控制器，可同时控制 6 个舵机、2 个直流电动机、4 个传感器，并且可以串联协同工作，比较适合用作智能机电系统的控制器。

（3）开放的电子端口。Nextmech 开放了包含控制器和传感器在内所有电子部件的 I/O 接口，并且提供所有电子元器件的电路图，供用户学习和使用。用户可以进行与传感器、单片机、数字/模拟电路等课程相关的各种实验，极大地方便了有二次开发需要的用户。

1. ARM

1）ARM 简介

ARM 是英国 Acorn 公司的第一款低功耗、低成本的精简指令集计算机(reduced instruction set computer，RISC)。Nextmech 机电一体化套件采用 ARM7 作为核心控制器，其主要特点如下：

（1）体积小、成本低、功耗低、性能高；

（2）能支持 16 位 Thumb 或 32 位的 ARM 双指令集，兼容 8 位和 16 位器件；

（3）大量寄存器使执行指令速度更快；

（4）大多数据操作在寄存器中完成；

（5）具有简单灵活的寻址方式，较高的执行效率；

（6）具有固定的指令长度。

如果传感器是输入，舵机是输出，那么 ARM 就是连接输入和输出的中心，是控制的核心。ARM 芯片可接收传感器数据，控制舵机的运行。

2）LabVIEW for ARM 嵌入式开发模块

LabVIEW for ARM 嵌入式开发模块是一个完整的图形化开发环境，由 NI 联合 Keil 公司开发而成。LabVIEW for ARM 是针对 ARM 微控制器的嵌入式模块，用于连接 LabVIEW 软件到各种支持 RTX 内核的 ARM 微控制器，为用户提供了一个完善的解决方案。使用该模块对 ARM 芯片进行开发可投入较少费用，并较快完成开发任务。该模块建立在 NI LabVIEW 嵌入式技术之上，将嵌入式系统开发移植到人们熟悉的数据流图形环境，包含数以百计的分析和信号处理函数，集成 I/O 和交互式调试接口。使用该模块能使用 JTAG、串口或 TCP/IP 口在前面板查看数值更新。另外，该模块包含 LabVIEW 代码产生器，可以将编写的程序框图转换成 C 语言代码。

如果选择一个支持 RTX 和实时代理的 ARM 硬件，连接是十分简单的。首先，在 LabVIEW 内创建目标硬件，同时整合到 Keil 工具链。其次，使用 Elemental I/O 向导去创建 Elemental I/O 的节点，便于在新设备上访问合适的内存镜像寄存器。若选择的 ARM 硬件不支持 RTX，则必须完成一些额外的工作去配置这个操作系统，之后加入实时代理模块。

ARM 嵌入式控制器与 PLC 功能类似，它能够控制各种设备以满足自动化控制需求。其与 PLC 的区别在于，ARM 嵌入式控制器采用图形化的 LabVIEW 编程语言进行程序设计和控制，实现软硬件的连接。

3）LabVIEW for ARM 模块的安装与程序下载

软硬件的连接必须在 LabVIEW 中安装 LabVIEW for ARM 模块。LabVIEW for ARM 模块安装界面如图 11.1 所示。图 11.2 为 ARM 安装与程序下载界面。

图 11.1　LabVIEW for ARM 模块安装界面

图 11.2　ARM 的安装与程序下载界面

4）ARM 中 VI 的创建

在 LabVIEW for ARM 模块安装界面单击"开始"按钮，开始创建 VI。安装时应注意，选中"MCB2300"复选框并保存，选择保存位置，并给 VI 命名，即可完成创建。

在 ARM 的安装与下载界面选择"MCB2300"并右击，在弹出的快捷菜单中选择"新建"→"Elemental I/O"命令，弹出"新建 Elemental I/O"对话框，如图 11.3 所示。单击中间的左、右箭头图标，添加或移除相应传感器信号接口。添加后的引脚或接口可以直接拖动到程序框图中，进行调用编程。程序编写完成后，运行程序的同时，完成了程序与 Nextcore 的数据读写工作，即可进行机械动作的观测及程序的调试。

图 11.3　"新建 Elemental I/O"对话框

注意：当程序编程结束后，单击"运行"按钮，就会将程序烧录进 ARM。如果双击"Application"，弹出属性对话框（图 11.4），当选中"Enable debugging"复选框时，可以在计算机上对程序进行实时状态的监控、观察，程序并未写入 ARM，LabVIEW 与 ARM 之间有实时的数据传送，方便程序在计算机上调试。

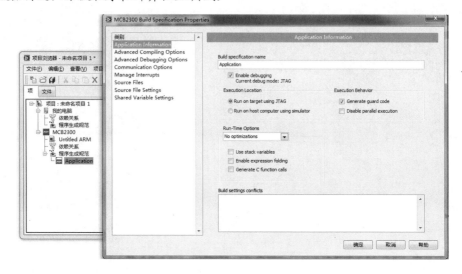

图 11.4　LabVIEW 与 ARM 之间的数据传送设置

当取消选中"Enable debugging"复选框时，程序写入 ARM 芯片，写入后 LabVIEW 与 ARM 之间脱离联系，两部分独立工作。当调试时，选中"Enable debugging"复选框可以在计算机上显示传感器等的数据；程序调试好后，取消选中该复选框，程序可以在 ARM 上独立运行。

2. 舵机简介

舵机，顾名思义是控制舵面的电机。舵机最早是作为遥控模型控制舵面、油门等结构的动力来源出现的。由于舵机具有体积紧凑、便于安装、输出力矩大、稳定性好、控制简单、便于和数字系统接口等特点，现在不仅仅应用在航模运动中，还已经扩展到各种机电产品中，在机器人控制中的应用也越来越广泛。

Nextmech 套件中有两种舵机，分别为标准舵机和圆周舵机。标准舵机结构如图 11.5 所示。圆周舵机与标准舵机结构大致类似，但标准舵机存在限位器，只能在一定的角度内旋转。

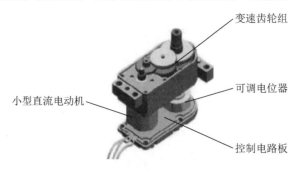

图 11.5　标准舵机结构

在硬件上，圆周舵机由标准舵机改造而成：拆除标准舵机中电位器与减速箱之间的反馈电路，使标准舵机的电动机无法判断自身转动角度而持续转动。因此，圆周舵机的软件控制原理上与标准舵机相同，都是 PWM 控制。

标准舵机具体参数如表 11.1 所示。标准舵机在套件中以 M01 编号，只能进行 180°转动，一般用于关节运动。圆周舵机在套件中以 M02 编号，可以进行 360°转动，一般用于轮子等运动，可控制速度及转动方向。

表 11.1 标准舵机具体参数

速度（s/60°）	转矩（kg·cm）	转动角度	额定电压（V）	额定电流（A）	周期（ms）
0.16	2.4	±90°	6.0	0.9	20

1）控制原理

PWM 原理：采用一个固定频率的周期信号去控制电源的接通和断开时间，并且可以根据需要去改变一个周期内"接通"或"断开"的时间，以此来改变电动机电枢电压的占空比，间接改变平均电压的大小，控制电动机的转速。正因如此，PWM 系统又称为开关驱动装置。

PWM 信号采用 20ms 的信号，其中脉冲宽度为 0.5～2.5ms，对应标准舵机 M01 的转角为 $-90°$～$90°$。对于标准舵机而言，理论上舵机输出转角与输入脉冲的关系如图 11.6 所示。在实际应用中，经过多次实验验证，占空比在 3%～12%时，所对应的角度为$-90°$～$90°$。PWM 信号的占空比与舵机终止角度的关系如图 11.7 所示。

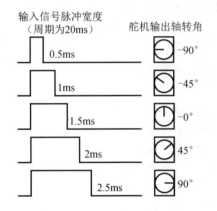
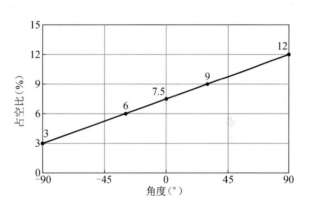

图 11.6 理论上标准舵机输出转角与输入脉冲的关系　　图 11.7 PWM 信号的占空比与舵机终止角度的关系

对于圆周舵机，PWM 信号控制的是转速的大小和方向。控制原理为当电动机一直接通电源时，上升沿时间 $t_1 = T$（周期），下降沿时间 $t_2 = 0$，电动机转速最大（设为 V_{max}），占空比为 $D = t_1/T$。对应不同占空比，电动机的平均速度大小为 $V_a = V_{max} \times D$，其中，V_a 是不同占空比对应的电动机的平均速度。由此可见，当改变占空比 D 时，可以得到不同的电动机平均速度 V_a，进而达到调速的目的。从理论上来讲，平均速度 V_a 与占空比 D 为线性关系，即当输入为 0 时，舵机无转速，理论上输入值在 0～7.5 时与在 7.5～15 时的转速是大小相同，方向相反的，且在 7.5 时转速几乎为 0。但是，由于不同舵机有着或大或小的制造误差，转速近似于 0 的点往往不是在 7.5，而且转速的大小变化与输入常量之间也不是严格的线性关系。实际应用中，只能近似地看成线性关系。

2) 使用方法

舵机的输入线共有 3 条。红色线位于中间，是电源线，一般黑色的线是地线。这两根线给舵机提供最基本的能源保证，主要用于电动机的转动消耗。电源有两种规格，即 4.8V 和 6.0V，分别对应不同的转矩标准。另外一根线是控制信号线，FUTABA 的一般为白色，JR 的一般为橘黄色。

使用时，舵机控制程序 PWM 有三个设置参数，一个为 PWM 信号的输出口；另一个为 PWM 信号的频率，通常采用频率为 50Hz 的信号，输入常量即为 PWM 调制信号的脉冲宽度 20ms；最后一个为占空比，通过数学运算使占空比转换为脉冲宽度，使其在输入时为 0.5～2.5ms，对应标准舵机的转角为-90°～90°。

注意：使用舵机时，应避免堵转。堵转的意思就是人为或机械阻碍舵机输出轴正常转动。舵机堵转会导致内部电流增至 7 倍以上，温度升高，这样会使舵机烧坏。一般在舵机驱动的机械结构较重、超出其转矩大小时，发生堵转。所以，设计结构时，要考虑所选舵机的承载能力。

3) 舵机的调用

（1）舵机子 VI 简介。无论是圆周舵机 M02 还是标准舵机 M01，控制其转动的程序都可以使用泛华公司提供的 PWM_Init 和 PWM_Out 两个子程序。PWM_Init 用于初始化舵机，PWM_Out 控制舵机具体运行。在图 11.8 中，程序的两个输入常量的功能分别为，第一个输入常量用于确定受控对象为 ARM 的哪个 PWM 输出引脚，数字即为引脚序号，表示舵机和 ARM 的接口；第二个输入常量为脉冲宽度。圆周舵机可以像轮子一样一直循环转动，而标准舵机只能转动固定角度，无法整圈转动。圆周舵机根据编写数值来控制其正转、反转及其快慢；而标准舵机则根据数值控制其转动的位置。

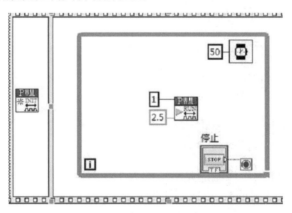

图 11.8 基本的舵机程序

（2）舵机的标定。舵机在实际使用时，要先对其进行标定，确定输入与输出的关系曲线。理论上，在 PWM_Out 中，PWM 脉冲宽度设置为 0～15 的一个数值，0～7.5 为正转，7.5～15 为反转；0 与 7.5 速度为 0，越接近 7.5 的数值，角速度越小，反之越大。实际测试中，最中值一般不是 7.5，而是 7.3 左右。因此，需要对实际使用的舵机标定，得到中值。图 11.9 为圆周舵机的脉宽与速度关系。

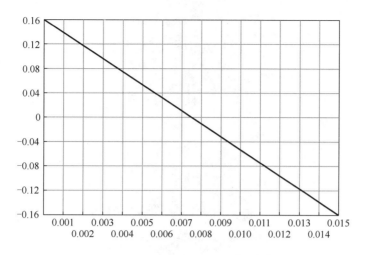

图 11.9 圆周舵机的脉宽与速度关系

由图 11.9 可看出，横坐标脉宽在无限接近 0 时，速度为 0.16s/60°。

对于标准舵机的标定如图 11.7 所示，理论上 PWM 信号的占空比 0～15%对应不同角度，但实际使用中，由于其转动的速度和安装的位置等，输入与输出关系需要实验人员多次调试。

（3）舵机程序的调用。在项目浏览器中的 MC2300 处右击，在弹出的快捷菜单中选择"Add"→"File"命令，如图 11.10 所示，弹出"选择需插入的文件"对话框。找到控制舵机的两个程序 PWM_Init.vi 和 PWM_Out.vi，单击"添加文件"按钮，效果如图 11.11 所示。将这两个子 VI 拖入程序的后面板，就调用了舵机的 VI。

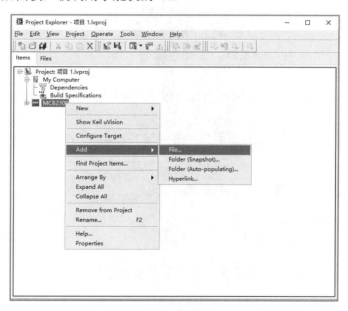

图 11.10 舵机程序的调用（一）

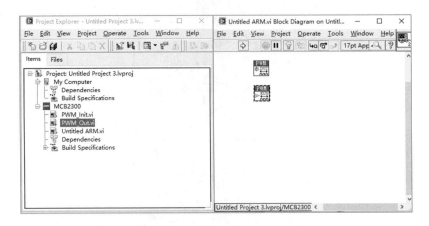

图 11.11　舵机程序的调用（二）

3. 传感器

Nextmech 机电一体化套件包含的传感器非常多，在这里只列出常用的传感器。

1) 近红外传感器

近红外传感器可以发射并接收反射的近红外信号，有效检测范围在 20cm 以内，其电压为 4.7～5.5V，工作电流为 1.2mA，频率为 37.9kHz。

2) 触碰传感器

触碰传感器用来检测是否有物体碰触开关，通过开关的动作触发相应的信号。触碰开关有效距离为 2mm。

3) 黑标/白标传感器

黑标/白标传感器可以帮助进行黑线/白线的跟踪，可以识别白色/黑色背景中的黑色/白色区域，或悬崖边缘。寻线信号可以提供稳定的输出信号，使寻线更准确、更稳定。其有效距离为 0.7～3cm，工作电压为 4.7～5.5V，工作电流为 1.2mA。

4) 触碰传感器

触碰传感器可以检测到物体对弹簧的有效触动。安装时通常将弹簧与地面平行，其有效触动角度为 45°。

Nextmech 机电一体化套件的传感器为了方便与 Nextcore（ARM）连接，全部统一规格，接口也全部一样。

11.1.2　基础实验训练

1. 小车的基本结构搭建

1) 实验目的

使学生了解机器人和机电一体化技术的基本原理和基本知识。

2) 实验要求

掌握 Nextmech 各种构件的用途，用现有的构件搭建出一辆小车。

3) 实验内容

（1）主动轮的安装。首先，将舵机装入电动机支架中，用四个螺钉与螺母上紧。然后，将输出头安装在舵机上,用螺柱连接联轴器和输出头。注意,输出头的螺钉必须拧紧以防小车松动。最后,将联轴器和车轮用螺钉拧紧,主动轮安装完成。

(2) 从动轮的安装。将两个圆形片用螺柱拧紧,组成一个小轮。在两个双折面板上用螺柱固定螺钉,在小轮中加入合适的轴套。将这三部分连接在一起,最后安装在车身上固定。

(3) 车身的安装。小车的车身主要是放置 ARM,并安装传感器。所以,选择 7×11 孔平板。由于 ARM 不能接触金属安装,否则会出现干扰,因此选择用螺柱将 ARM 与车身连接。

2. 简单的舵机控制

1) 实验目的

使学生了解机器人和机电一体化技术的基本原理,了解和掌握机器人和机电一体化技术的基本知识,培养学生机电一体化设计的能力。

2) 实验要求

学会用软件编写舵机的基本控制程序,并将程序烧录进小车,使小车完成基本的动作。

3) 实验内容

(1) 调用舵机程序。在项目浏览器的 MCB2300 处右击,在弹出的快捷菜单中选择"添加"→"文件"命令,弹出"选择需插入的文件"对话框,找到控制舵机的两个程序 PWM_Init.vi 和 PWM_Out.vi,单击"添加文件"按钮,如图 11.12 所示。

图 11.12 "选择需插入的文件"对话框

然后,MCB2300 下面就出现了舵机的子 VI,将这两个子 VI 拖入程序的后面板,就调用了舵机的 VI。PWM_Out 有两个数据,上面的数值为所对应的引脚,下面的数值对应不同的速度或转动方向(圆周舵机)。

(2) 创建基本舵机控制程序。

① 创建一个两帧的顺序结构,在第一帧内拖入 PWM_Init 舵机初始化子程序;第二帧创建一个 while 循环,并拖入 PWM_Out 子程序,将其第一个输入常量设置为所要控制的舵机引脚序号,第二个常量设置为 0~15 的数字,用来控制舵机转角/转角和方向。在 while 循环内放置一定的延时给程序一定的执行时间,同时添加循环终止条件用来停止程序。基本舵机控

制程序如图 11.13 所示。

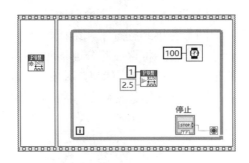

图 11.13 基本舵机控制程序

② 制作用一个子程序控制多个舵机的运动。程序框图如图 11.14 所示，前面板如图 11.15 所示。首先，给第一个常量，即 Channel（舵机频道），创建输入控件；然后，给第二个常量 Duration%（持续时间%）创建输入控件。若一个子程序需要控制两个舵机，则重复一次以上操作。

图 11.14 程序框图

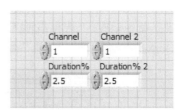

图 11.15 前面板

设置新的子程序接线端，如图 11.16 所示，先单击 Channel，然后单击右上角接线处定义接线端，依次进行 Duration%、Channel2、Duration%2 的接线端设置，最后保存子程序。这样，子程序就可以实现一个程序控制两个舵机运动，不用在程序中多次使用原来程序。子程序如图 11.17 所示。

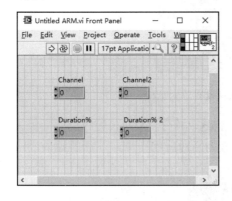

图 11.16 设置新的子程序接线端

图 11.17 子程序

（3）编写舵机应用程序。

① 小车的直行程序。由于小车两个舵机为对称安装，因此要想保持直行，必须两个轮子

方向相反、速度相同，如左轮的速度数值为9，舵机与ARM1号引脚连接，则右轮就需要相反方向、速度相同，应为6，舵机的ARM2号引脚连接，所以最后的程序如图11.18所示。

② 小车的拐弯程序。小车拐弯时，以向左拐为例，只要左轮不动，而右轮向前转动，就会呈现出向左拐的运行状态。假如右轮的运行速度数值为2.5，小车拐弯程序如图11.19所示。

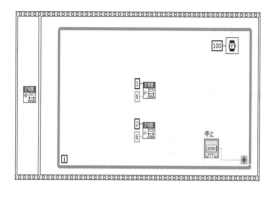

图11.18　小车直行程序示例　　　　　　图11.19　小车拐弯程序示例

3. 简单的传感器配合ARM控制

1）实验目的

使学生了解机器人和机电一体化技术的基本原理，了解、掌握机器人和机电一体化技术的基本知识，使学生对机器人和机电一体化技术有一个完整的理解。培养学生机电一体化设计的能力。

2）实验要求

学会用软件编写传感器控制舵机的基本控制程序，并将程序烧录进小车，使小车完成稍微复杂的动作。

3）实验内容

（1）调用传感器的程序。在项目浏览器中的MCB2300处右击，在弹出的快捷菜单中选择"新建"→"Elemental I/O"命令，弹出"新建Elemental I/O"对话框，选中"Analog Input"，选择传感器连接的不同引脚，单击向右的箭头进行添加，如图11.20所示。单击"确定"按钮，这样所用到的传感器信号就在项目浏览器的管理器中了，然后在项目浏览器中拖动所要用到的传感器到后面板上，即可调用。

（2）单个传感器控制实例。

① 小车无障碍直行，遇到障碍转弯程序设计实例。

假如传感器为触碰传感器，则将图11.21、11.22所示程序烧录进ARM，将会实现触碰传感器无信号（模拟无障碍），小车直行，一旦按下触碰开关（模拟遇到障碍物），小车实现拐弯。

当传感器等于1023时，即为无信号，判断为真，此时两舵机为7.2、7.5（此舵机的中值为7.35），表示为无障碍前进，如图11.21所示。

当传感器不等于1023时，即为有信号，判断为假，此时两舵机分别为7、0，表示为遇到障碍向左转，如图11.22所示。

图 11.20　调用传感器程序

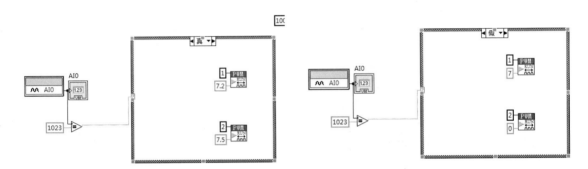

图 11.21　无障碍直行程序　　　　　　图 11.22　直行变转弯程序

添加舵机的初始化程序和 while 循环,将以上程序添加到 while 循环中,让程序一直运行,最终程序如图 11.23 所示。

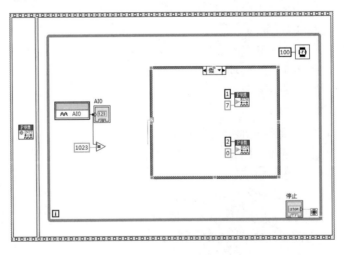

图 11.23　直行变转弯最终程序

② 小车的红外控制暂停程序设计实例。

传感器为红外传感器，当有信号时，小车停止运行；当无信号时，小车直行，其基本原理与直行变转弯相同。

当传感器等于 1023 时，无信号，判断为真，此时小车直行，程序如图 11.24 所示。

当传感器不等于 1023，有信号，判断为假，此时小车停止，程序如图 11.25 所示。

与上一个程序相同的原理，初始化舵机必须加入顺序结构，使程序不断运行，即加入 while 循环。最终程序如图 11.26 所示。

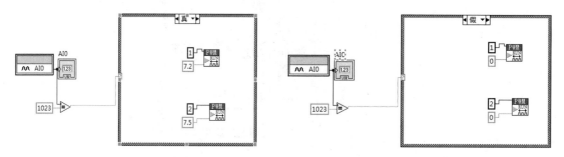

图 11.24　小车直行程序　　　　　　图 11.25　小车停止运行程序

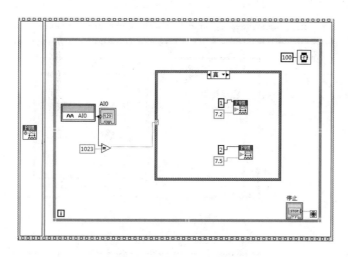

图 11.26　红外控制暂停最终程序

注意：传感器所用编号要对应所插的引脚。舵机也一样。

（3）两个传感器控制机器人的逻辑。

既然已经知道一个传感器的控制方法，那么两个传感器的控制也就可以尝试进行。机器人其实和人的大脑类似，实现复杂的运动的基础就是一个个的判断，两个传感器就是两次判断。例如，人要喝水，会经过两次判断，第一次判断是否有水，第二次判断是否能喝，机器人也是这样。

下面，做一个"逃命机器人"。当后面有人追它时，机器人会向前跑；逃跑过程中，如遇到障碍，则会绕开障碍，继续逃跑。这个过程中机器人经历了两次判断，第一次判断是否有人追；第二次判断前进路线是否有障碍。为了方便起见，依然采用近红外传感器和触碰传感器，把红外传感器放在小车后部检测是否有人追，将触碰传感器放在前方检测是否触碰障碍物，其流程图如图 11.27 所示。

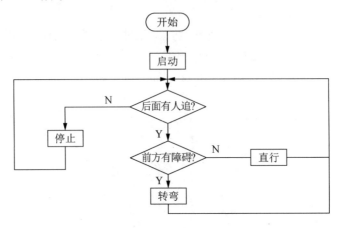

图 11.27 "逃命机器人"流程图

根据流程图编写程序，如图 11.28 所示。由于前方触碰到物体，无法直接拐弯，需先后退再转弯，此时编写一个顺序结构，并用定时器来控制后退的距离和拐弯的角度。

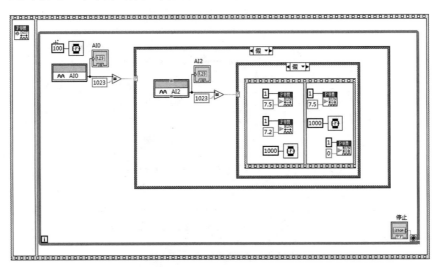

图 11.28 "逃跑机器人"最终程序

11.1.3 智能循迹小车的设计与实现

1. 智能循迹小车整体方案设计

智能循迹小车是一种具有自动循迹功能的运输工具。工业场合中大多使用智能车系统来操作。

1）设计目标

要求小车能按照指定路线进行循迹。若在自动行驶过程中遇到障碍物，则智能小车停车，并报警。当障碍物移除后，智能小车继续按照指定路线循迹，到达终点后小车停止。

2）设计方案

车体结构：在实验设计和调试过程中发现，若设计为后轮驱动，则黑标传感器和驱动轮距离较远，驱动轮不能很好地反映出所获得的信号。因此，小车设计为前轮驱动的四轮小车，即前轮为主动轮，后轮为从动轮。

循迹系统：使用传感器来实现小车的循迹功能。在小车的车头部分安装左、右两个黑标传感器，使用黑标传感器来控制小车沿轨迹路线行驶。

报警系统：采用近红外传感器和 LED 的红绿变化来实现障碍物报警。当近红外传感器检测到障碍物时，LED 红、绿灯交替闪烁；当障碍物消除后，小车继续循迹，此时 LED 模块上绿灯亮。

2. 智能循迹小车结构搭建

1）车轮的组装

前轮为主动轮，由两个圆周舵机提供动力，利用螺钉、螺柱、舵机、联轴器、轮胎等部件组装前轮，如图 11.29 所示。

后轮作为从动轮，在整体结构中主要起支承作用。利用长套筒将从动轮制作为没有橡胶的单轮随动结构。将图 11.30 所示的零件按顺序组装在一起。由于长套筒和两个套筒的作用，单轮便具有随动机构，如图 11.31 所示。

图 11.29　舵机与轮胎的安装

图 11.30　单轮机构的组装

图 11.31　单轮随动机构

2）车身、传感器及 Nextcore 板的组装

车身主要用来固定安装电池盒、Nextcore 板和传感器模块等。首先必须要有足够的空间，其次应该具有一定的协调性。

利用平板、直角连接件及螺栓等机械部件搭建车身，并将两个主动轮安装在车身前部，一个从动轮安装在车身后部的中间位置。将黑标传感器、近红外传感器、电池盒、Nextcore 板固定在车身上，安装完成后的智能循迹小车如图 11.32 所示。

注意：经过多次实验得出结论，两个黑标传感器横向之间的距离与循迹路线的宽度的相对差不能超过 55mm。近红外传感器主要实现扫描障碍物的功能，由于使用的是近外红传感器为了保证近红外传感器能够扫描到障碍物，其安装位置必须位于车身前端。LED 模块的

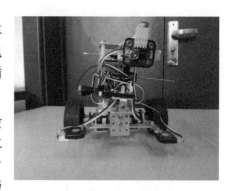
图 11.32　智能循迹小车

安装要求具有高的可见性，便于观察。

3. 智能循迹小车程序设计

1）智能循迹小车流程图

图 11.33 所示为智能循迹小车的控制流程图，小车将会按图中所示的逻辑进行判断和执行。

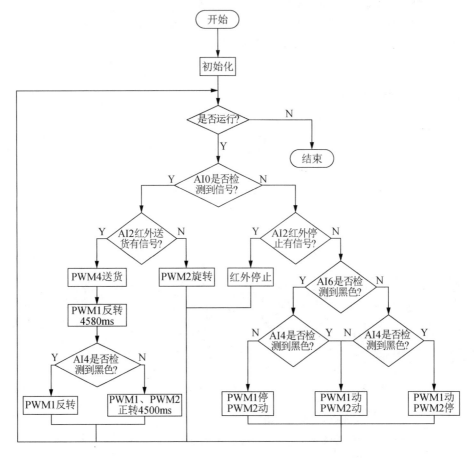

图 11.33　智能循迹小车的控制流程图

2）近红外报警系统程序设计

使用近红外传感器和 LED 模块来构成近红外报警系统。当近红外传感器得到信号后，将信号输入 LED 模块，使 LED 红、绿灯交替闪烁实现报警；当近红外传感器失去信号后，LED 绿灯亮，小车继续进行循迹功能。近红外报警程序如图 11.34 所示。

3）循迹系统的程序设计

通过控制左、右圆周舵机运行速度的不同步，实现循迹功能。如图 11.35 所示，当 AI6 传感器和 AI4 传感器都检测到黑色信号时，小车走直线；当小车偏移到右面时，AI6 传感器检测不到黑色信号，小车左轮不动，右轮继续转动，使小车往左转弯；当小车偏移到左面时，AI4 传感器检测不到黑色信号，小车右轮不动，左轮继续转动，使小车往右转弯。

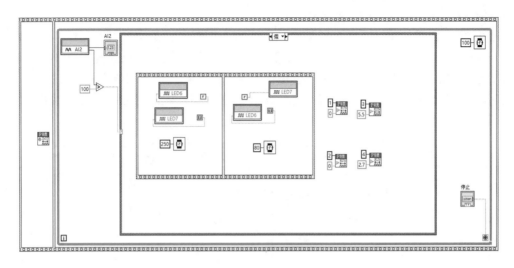

图 11.34 近红外报警程序

当图 11.36 中 AI6、AI4 两个传感器都检测不到黑色信号时，小车会停止运动。为了避免出现此类情况，程序设定当两个传感器都检测不到黑色信号时，小车会继续直线运动直到其中一个传感器检测到信号。

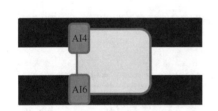

图 11.35 循迹模拟图（一）

图 11.36 循迹模拟图（二）

以某校机械楼和图书馆之间的实际路线为基础，设计了小车的循迹路线，如图 11.37 所示。

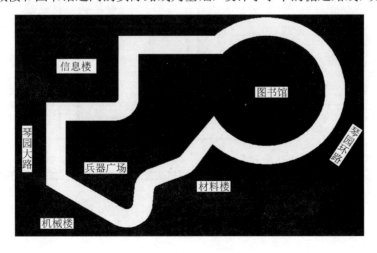

图 11.37 循迹路线图

程序使用了两个条件结构来实现小车的循迹功能,当 AI6 传感器的值为真时,判断 AI4 传感器的值是否为真,如果 AI4 传感器的值也为真,则左、右两个舵机以同样的速度转动,即舵机 1 正转,舵机 2 反转;若 AI4 传感器的值为假,则舵机 1 正转,舵机 2 不动;当 AI6 传感器的值为假时,同样要判断 AI4 的值是否为真,若 AI4 传感器的值为真,则舵机 1 不动,舵机 2 反转;若 AI4 传感器的值为假,则舵机 1 正转,舵机 2 反转。其控制程序如图 11.38～图 11.41 所示。

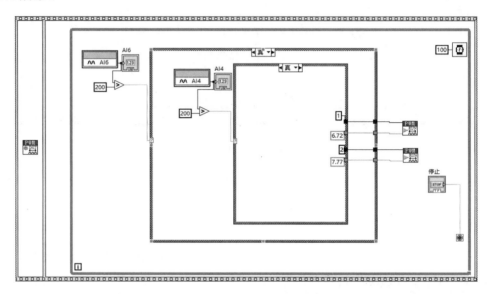

图 11.38 循迹程序(一)

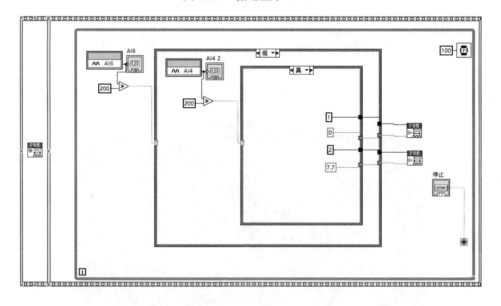

图 11.39 循迹程序(二)

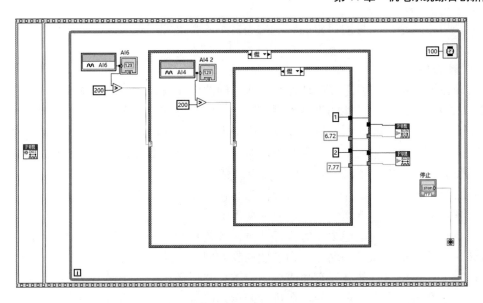

图 11.40　循迹程序（三）

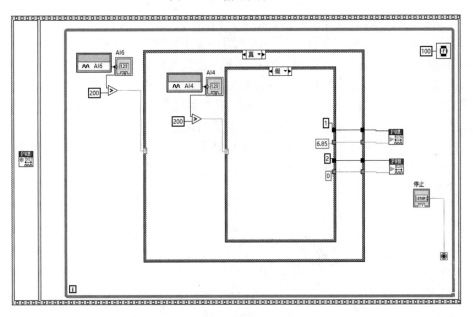

图 11.41　循迹程序（四）

程序编写完毕后，进行 Nextcore 与计算机之间的连接，运行程序的同时，完成程序与 Nextcore 的数据读写工作，即可进行机械动作的观测及程序的调试。

11.1.4　机械手的设计与实现

1. 机械手整体方案设计

1）设计目标

基于 Nextmech 平台，设计一款可搬运、喷漆、定点、定线的机械手。基于 ARM 控制机械手臂实现以下状态：腰身的自由旋转，大小臂及手腕的伸展、收缩，手爪的放松、抓紧，喷漆头的对位、对向运动。

2）设计方案

为实现设计目标，需要进行运动方案设计、硬件设计与软件控制系统设计。

首先，对要完成预定功能的机械手进行运动简图和顺序流程图设计，对运动方案进行运动学分析。然后，将零件导入建模软件建立模型进行虚拟结构设计与装配，并优化结构。

其次，对模型进行运动学仿真和分析。对设计结构进行实体搭建，在组装过程中完成对结构的调整。检查结构是否满足要完成预定动作的要求。

最后，设计控制部分软件程序，结合传感器和 ARM 控制器，对程序进行调试。检查是否能完成预定动作及对传感器信号的处理是否正确。

六自由度机械手实现搬运主要的执行部分包含腰身的旋转，大臂、小臂、手腕的抬升，手腕旋转，手爪放松、抓紧等动作。为了使控制方便、简洁、可调，其机构采用关节式。在搬运的基础上，主要执行部分还有喷漆头的旋转和摇摆运动，鉴于最终功能的同体实现，在末位置把手爪和喷漆头设计在一起。在执行搬运功能时，手腕旋转至零位置，满足喷漆的结构简图如图 11.42 所示。

根据机械手功能要求，设计了开始、准备、检测位、检测、抓取、放置、喷漆、停止八个指令状态位，顺序功能图如图 11.43 所示。图 11.43 中实现功能包括：通电后进入初始化状态；各关节回舵机中输入值 7.5 后进入准备状态，各关节转动一定角度，按下启动按钮，腰身到物品摆放位；按下物品检测按钮，进行物品检测。如有物品，大臂、小臂、手腕摆动到位，手腕旋转到手爪的工作位；按下抓取按钮，进行物品抓取，手爪由放松变为抓紧，当确认物品抓紧后，按大臂、小臂、手腕的顺序依次回初始位，然后腰身再次顺时针旋转至物品摆放位，把抓取的物品放置在指定位置；手腕旋转至喷漆工作位，进行喷漆，腰身按照"顺时针—逆时针—顺时针"的规律来回转动，手腕上下摆动。当喷漆作业完成后，按下停止按钮，各关节返回初始位。

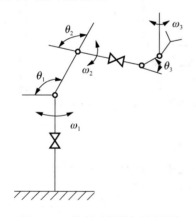

图 11.42 满足喷漆的机构简图

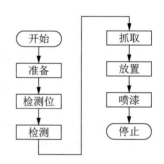

图 11.43 顺序功能图

2. 机械手结构搭建

机械手结构包括云台、舵机套件、双 U 形架、腕关节、小臂、手爪。

(1) 将云台部件组合形成云台机械结构,再将舵机安装在云台机械结构上。

(2) 舵机套件包含多功能支架、舵机、金属舵盘三部分,将这三部分装配在一起,构成舵机套件。

(3) 双 U 形架、小臂的搭建,这两者的结合使大小臂可以同时组装好。每一个 U 形架对应一个轴承,其目的是使关节间结构稳定且灵活度高。

(4) 利用两个舵机套件,搭建腕关节。

(5) 手爪的机械结构是一个整体,可以直接使用。

(6) 将以上各部分装配在一起,形成机械手结构。

注意:装配时从里到外、从下到上几个 U 形架之间的连接均使用轴承,十字螺钉尽量用匹配的拧紧工具,每个关节尽量保持中值装配,保证其能从-90°~90° 正常转动,舵机线不够长时要接入相匹配的电线增长;螺钉应拧紧,防止后续因机械手工作而造成各关节间的脱节问题。

3. 机械手程序设计

1) 程序流程图设计

设计任务是设计一款可定线、定点搬运的机械手,具体程序流程如图 11.44 所示。

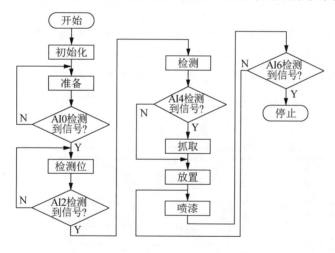

图 11.44 机械手程序流程图

2) 手动调试程序设计

手动调试程序设计的目的在于验证机械手各关节总体基础上的可调范围,提高整体结构稳定性,为搭建自动程序奠定基础。

3) 程序框图设计

此次设计要完成其基本功能,最少需要包括初始化、准备、检测位、检测、抓取、放置、喷漆、停止的八种状态,通过状态机实现各状态之间的相互转换。

(1) 初始化。如图 11.45 所示,初始化实际就是各舵机返回中值位,这个程序的实现基于装配硬件之前做过的舵机调值。这一步的目的一方面是扩大关节活动范围,使其能在该位置正向、逆向运转 90°,增加程序编写的灵活性;另一方面是排除各构件间易产生的阻挡和干扰。

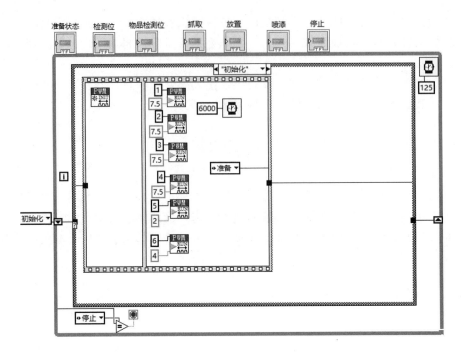

图 11.45 初始化程序框图

（2）准备。准备程序框图如图 11.46 所示。这一环节的目的是减少各关节路径位移，提高整体稳定性，保护各舵机受力均匀，在初始化的基础上，各关节行驶了大部分的位移，为接下来的状态提供保障。大小臂及手腕摆动到位，人为检验无误后，按下按键开关，进入下一个状态。

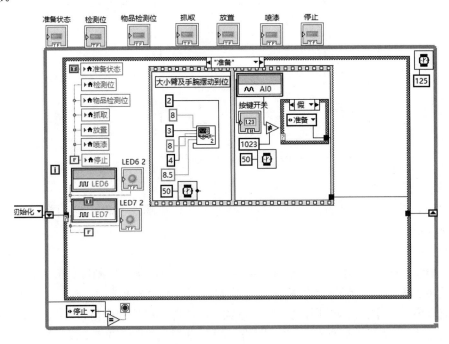

图 11.46 准备程序框图

（3）检测位。Nextmech 提供的舵机转矩均只有 0.235N·m 左右，力矩小，无法带动机构。因此，采用了乐幻索尔的标准舵机，传感开关采用按键方式，检测位程序框图如图 11.47 所示。

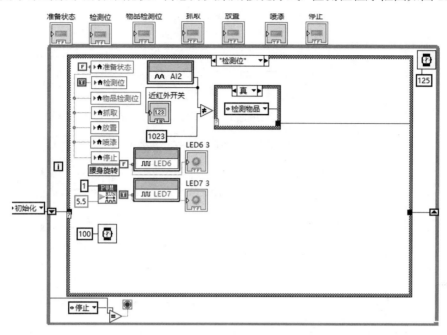

图 11.47　检测位程序框图

（4）检测物品。检测状态用于检测是否有待抓取物品，其程序框图如图 11.48 所示。

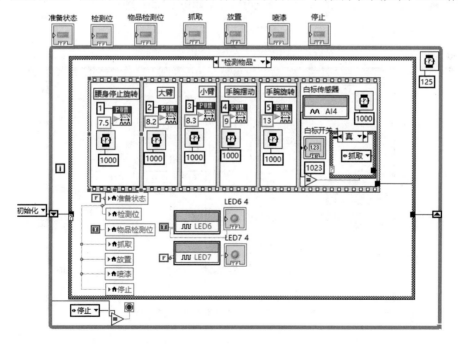

图 11.48　检测程序框图

（5）抓取。通过控制舵机反转、正转对应手爪的抓紧、松开，实现物品的抓取，抓取程序框图如图11.49所示。

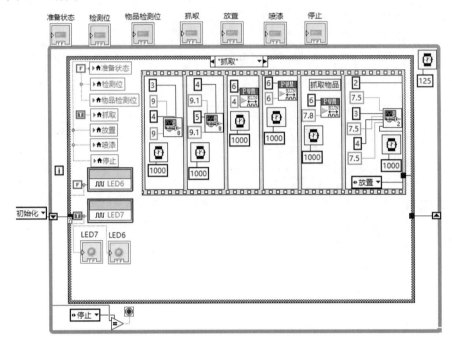

图11.49 抓取程序框图

（6）放置。这一步和抓取相对应，其程序框图如图11.50所示。

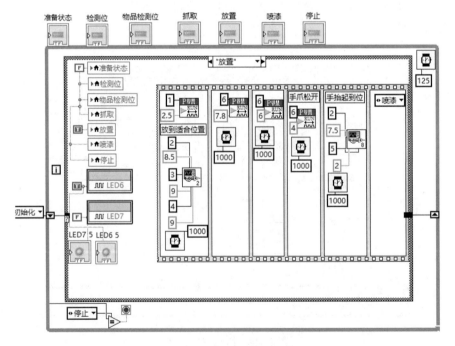

图11.50 放置程序框图

（7）喷漆。由于机械结构硬件限制，此环节硬件部分属于虚拟设计，工作原理是腰身和手腕同时摆动产生正向横向位移差，依次喷涂某一面或某一个区域，喷漆程序框图如图 11.51 所示。

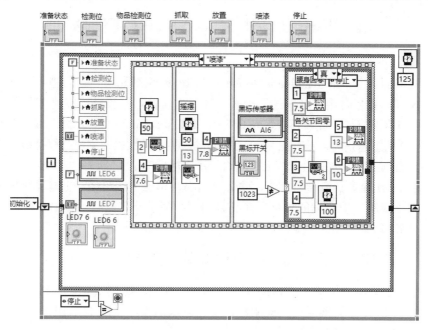

图 11.51　喷漆程序框图

（8）停止。停止状态结束的控制程序包括关节回零等，其程序框图如图 11.52 所示。

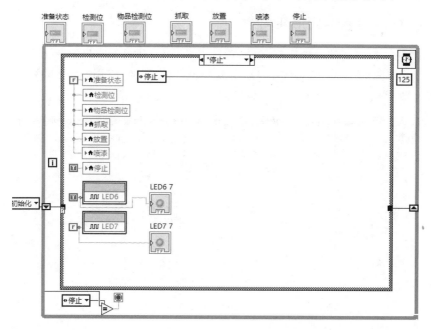

图 11.52　停止程序框图

程序编写完毕后，进行 Nextcore 与计算机之间的连接，运行程序的同时，完成程序与

Nextcore 的数据读写工作，即可进行机械动作的观测及程序的调试。

11.2 基于 HMI 和 SCADA 的 PLC 控制实训

人机交互界面（human machine interface，HMI）是系统和用户之间进行交互和信息交换的媒介。触摸屏如果包含用户开发的用于具体项目的软件，则该触摸屏就是一个 HMI。

数据采集与监视控制（supervisory control and data acquisition，SCADA）是上位机软件的一种，国内一般称为组态软件，具有比 HMI 更高级的功能，是数据采集与过程控制的专用软件。

二者都具有与 PLC 通信，实时操控 PLC，并实时反映 PLC 状态的功能，它们的区别为：基于触摸屏的 HMI 简单、方便、经济、安装空间小，相当于按钮站，也能够实现多页面，通常通信点数不受限制，但数据的共享方面受到限制；基于计算机的 SCADA 画面丰富、价格高，因基于计算机和 Windows 操作系统，其功能扩展性好。

11.2.1 WinCC V7.2 与 S7-1200 PLC 的常规通信

WinCC V7.2 版本新增加了 SIMATIC S7-1200、S7-1500 Channel 通道，用于 WinCC 与 S7-1200/S7-1500 PLC 之间的通信，此驱动只支持以太通信，使用 TCP/IP 协议。WinCC V7.2 与 PLC 通信的软硬件环境要求如下。

硬件：支持 WinCC 项目运行的计算机自带普通以太网卡、CPU1214C。

软件：WinCC V7.2 Upd6，Simatic NET V8.2 SP | V13，用于组态 S7-1200。

1. 设置 PLC 通信参数的 DB 块属性

在 STEP7 V13 组态软件中打开 S7-1200 项目，关于 PLC 硬件组态步骤在此不详述。打开 CPU 设备组态，选择"属性"→"常规"→"防护与案例"选项，在"连接机制"选项组中选中"允许来自远程对象的 PUT/GET 通信访问"复选框，如图 11.53 所示。

图 11.53 连接机制设置

注意：WinCC 需要读写的 DB 块不能使用符号寻址，只能使用绝对寻址，所建的 DB 块属性中需要取消选中"优化的块访问"复选框，如图 11.54 所示。

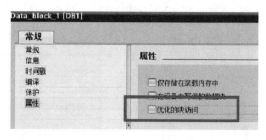

图 11.54　取消选中"优化的块访问"复选框

2．WinCC 添加新驱动

在 WinCC 项目中可添加新驱动，如图 11.55 所示。打开"变量管理"界面，选择变量管理并右击，在弹出的子菜单中选择"添加新的驱动程序"→"SIMATIC S7-1200，S7-1500 Channel"命令。

图 11.55　添加新驱动

3．计算机网卡参数设置

在操作系统"网络连接"中设置网卡的 IP 地址及子网掩码，IP 地址和 PLC 的 IP 地址在同样的网段中，子网掩码一致。

在 PLC 和计算机之间接入以太网通信电缆，测试计算机与 PLC 之间物理连接是否正常，打开操作系统左下角的"开始"菜单，在最下面一行运行栏中输入"CMD"命令，按<Enter>键，进入 DOS 命令界面。在界面中输入"ping"命令，格式为 ping<PLC IP 地址>，按<Enter>键。如果显示超时或硬件故障，则检查 IP 地址设置、网卡驱动及物理网线。

4．设置 PG/PC 接口

打开计算机的控制面板，单击"设置 PG/PC 接口"链接，弹出"设置 PG/PC 接口"对话框,打开"应用程序访问点"下拉列表,选择"<添加/删除>"选项,弹出"添加/删除访问点"对话框,在"新建访问点"文本框中输入"CP-TCPIP",单击"添加"按钮添加访问点,如图 11.56 所示。完成后,关闭该对话框。设置访问点如图 11.57 所示。

图 11.56 添加/删除访问点

图 11.57 设置访问点

5. WinCC 软件设置

选择"SIMATIC S7-1200,S7-1500 Channel"→"OMS+"→"NewConnection-1"(见图 11.58)并右击,在弹出的快捷菜单中选择"连接参数"命令,弹出"新建连接"对话框。在"IP 地址"文本框中填写 PLC 通信端口的 IP 地址,在"访问点"下拉列表框中选择"S7 1200",如图 11.59 所示。通信建立界面如图 11.60 所示。

项目激活后,在图 11.61 所示的变量管理界面可以直接观察通信是否建立,绿钩表示通信建立。通信建立后,在变量管理界面中组态对应的变量,如图 11.61 所示。

图 11.58 新建连接

第 11 章 机电系统综合创新实训

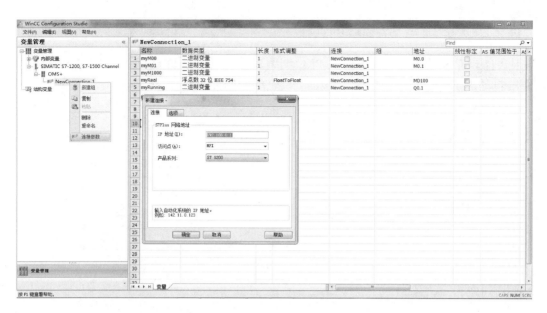

图 11.59 连接参数设置

图 11.60 通信建立界面

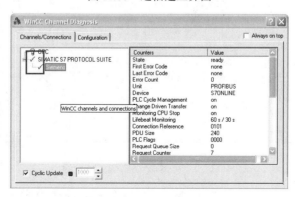

图 11.61 变量管理界面

11.2.2　组态王与 S7-200 的连接

因结合 PLC 实物便于观察，故在 PLC 侧编写梯形图如图 11.62 所示。图中 VW2 的数据每过 1s 自动加 1，在 0~20 间循环，VD4 和 VD8 声明为实数。

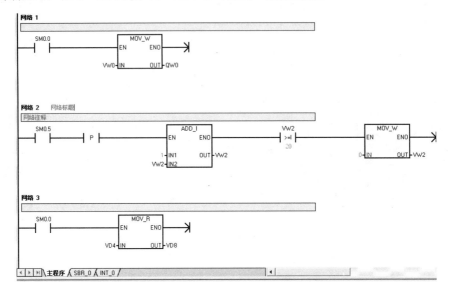

图 11.62　梯形图

在组态王界面先定义 COM1 的 PPI 设备，如图 11.63 所示。

图 11.63　定义 COM1 的 PPI 设备

定义变量：在组态王中用到的 PLC 变量，最好全部都用 V 设成"读写"类型，如图 11.64 所示。创建变量后的数据词典画面如图 11.65 所示。

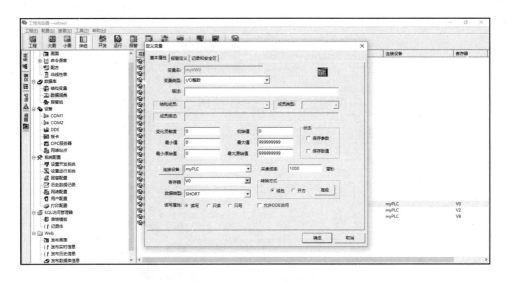

图 11.64　组态王界面变量定义

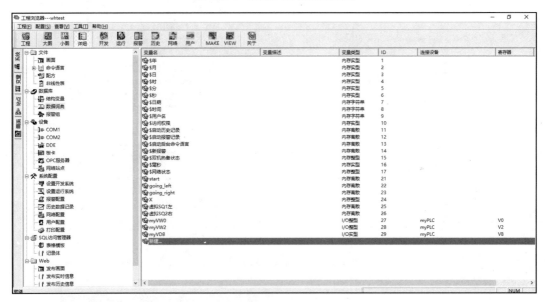

图 11.65　创建变量后的数据词典画面

寄存器访问格式与长整数实数的访问格式如图 11.66 和图 11.67 所示。

常见动画连接如图 11.68 所示。

数值输入的画面如图 11.69 所示。

图 11.66　帮助文件中所列的寄存器访问格式

图 11.67　长整数实数的访问格式

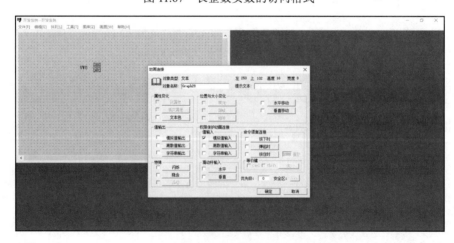

图 11.68　常见动画连接

第 11 章 机电系统综合创新实训

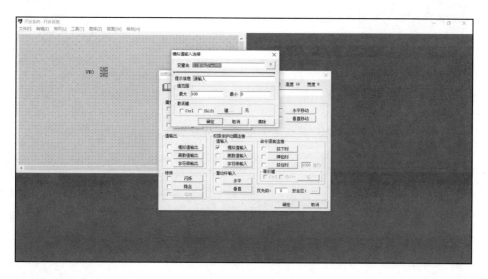

图 11.69 数值输入的画面

每次变量的改动,都需停止 VIEW 并重新进入;删除变量时,先更新变量计数器。组态王中的脚本格式如下。

```
IF(螺旋桨<2)
{螺旋桨=螺旋桨+1;}
ELSE
{螺旋桨=0;}
/*原料罐液位控制*/
if(进料阀==1&&出料阀==0)
{原料罐液位=原料罐液位+15;}
if(进料阀==1&&出料阀==1)
{原料罐液位=原料罐液位+5;}
if(进料阀==0&&出料阀==1)
{原料罐液位=原料罐液位-10;}
/*根据原料罐液位控制进料阀*/
if(原料罐液位>480&&自动开关)
{进料阀=0;}
if(原料罐液位<20&&自动开关)
{进料阀=1;}
/*当自动开关打开时,根据反应罐液位控制搅拌电动机开关*/
if(自动开关)
{if(反应罐液位>=180)
    {搅拌电动机开关=1;}
    else
    {搅拌电动机开关=0;}}
/*控制叶片旋转*/
if(搅拌电动机开关)
```

```
    {叶片旋转状态=叶片旋转状态+1;}
    if(叶片旋转状态>5)
    {叶片旋转状态=0;}
    /*反应罐液位控制*/
    if(出料阀==1&&原料罐液位>0)
    {if(泵站开关==0)
        {反应罐液位=反应罐液位+20;}
        else
        {反应罐液位=反应罐液位+10;}
    }
    if((原料罐液位==0||出料阀==0)&&泵站开关)
    {反应罐液位=反应罐液位-30;}
    /*根据反应罐液位控制出料阀*/
    if(反应罐液位<80&&自动开关)
    {泵站开关=0;
     出料阀=1;}
    if(反应罐液位>720&&自动开关)
    {泵站开关=1;
     出料阀=0;}
    泵出液流=泵出液流+5;
    if(泵站开关==0)
    {泵出液流=0;}
    if(泵出液流>70)
    {泵出液流=0;}
    /*假设反应罐温度与反应罐液位的关系是*/
    反应罐温度=Sqrt(反应罐液位)*6+Sqrt($秒)*3;
    /*控制钢包位置*/
    钢包状态=钢包状态+1;
    if(钢包状态<60)
    {钢包位置=钢包位置-10;}
    if(钢包状态>=60&&钢包状态<80)
    {钢包位置=钢包位置-10;}
    if(钢包状态>=100&&钢包状态<120)
    {钢包位置=钢包位置+10;}
    if(钢包状态>=120)
    {钢包位置=钢包位置+10;}
    if(钢包状态>170)
    {钢包状态=0;
     钢包位置=800;}
    /*控制钢锭位置*/
    钢锭位置=钢锭位置+15;
    if(钢锭位置>650)
    {钢锭位置=160;}
```

```
if(钢锭位置<462&&钢锭位置>458)
{生产量=生产量+1;
 if( 生产量>99 )
    {生产量=0;}
}
```

11.2.3　实训项目

1. 加热炉控制设计

针对 9.2 节中题目的控制要求，完成设计任务。

2. 混凝土配料及搅拌系统设计

针对 9.10 节中题目的控制要求，完成设计任务。

3. 大小球分拣系统控制设计

针对 9.11 节中题目的控制要求，完成设计任务。

4. 立体停车库控制设计

针对 9.15 节中题目的控制要求，完成设计任务。

5. 电镀自动生产线控制设计

针对 9.16 节中题目的控制要求，完成设计任务。

6. 同步传送举升装置控制设计

针对 9.17 节中题目的控制要求，完成设计任务。

7. 液体灌装机控制设计

针对 9.19 节中题目的控制要求，完成设计任务。

8. 升降电梯控制设计

针对 9.21 节中题目的控制要求，完成设计任务。

11.2.4　实训内容及要求

1. HMI/SCADA 软件的实训内容

HMI/SCADA 软件包括以下实训内容。
（1）创建项目，建立与 PLC 的连接，完成变量的生成与组态。
（2）画面的生成组态，以及动态连接。
（3）脚本的编写，触发条件设置。
（4）报警记录（归档趋势图、报表）的编写。

（5）系统特殊变量的应用，以及用户管理。
（6）动画效果的实现。
（7）数据库的连接。

2. HMI 设计内容及要求

1）设计内容
（1）完成 PLC 中相应的程序设计。
（2）设计 HMI 画面，包括操作模式转换功能，各种模式的操作按钮指示灯，以及必要的状态指示。
（3）自动模式时，有顺序功能图的状态指示，以及工艺过程画面的实时效果。
2）设计要求
（1）设计 HMI 画面及程序，并与 PLC 实物联机调试。
（2）编写各功能的实现过程说明，脚本程序说明。
（3）编写设计说明书。

3. SCADA 设计内容及要求

1）设计内容
（1）完成 PLC 中相应的程序设计。
（2）设计组态画面，各种模式的操作，并且指示应完备。
（3）自动模式时，有顺序功能图的状态指示，以及工艺过程画面的动画效果。
（4）实现较逼真的动画效果。
（5）完成工件计数、工件生产时间等信息的数据库保存（工件必须具有 ID 号）。
2）设计要求
（1）设计 SCADA 画面及程序，并与 PLC 实物（或仿真软件）联机调试。
（2）编写各功能的实现过程说明、脚本程序说明。
（3）编写设计说明书。

11.3 机器人控制实训

11.3.1 IRB120 机器人简介

IRB120 机器人是 ABB 迄今最小的多用途机器人，仅重 25kg，荷重 3kg（垂直腕为 4kg），工作范围达 580mm，是具有低投资、高产出优势的经济可靠之选。

1. 运动控制

IRC5 紧凑型控制器以先进的动态模型为基础，优化了机器人性能，可大幅缩短节拍时间、提高路径精度。机器人运行路径不受速度影响，无须程序员调试，机器人即自动达到可预测的优异性能，真正实现"所编即所得"。

2. 示教器(FlexPendant)

FlexPendant 以简洁明了、直观互动的彩色触摸屏和三维操纵杆为设计特色,拥有强大的定制应用支持功能,可加载自定义的操作屏幕等要件,无须另设操作员 HMI。

3. 程序语言(RAPID)

RAPID 程序语言具有简单易用、使用灵活和功能强大等优点。作为真正意义上的无限制语言,RAPID 支持结构化程序, 适合车间应用,包含诸多高级功能,为各类工艺应用提供强大支持。

4. 通信

IRC5 支持先进的 I/O 现场总线,在任何工厂网络中都是一个性能良好的节点,具有一系列强大的联网功能,如传感器接口、远程磁盘访问、套接口通信等。

5. 支持远程服务

用户可通过标准通信网(GSM 或以太网)进行机器人远程监测。IR120 机器人先进的诊断方法可实现故障快速确诊及机器人终生状态监测。该机器人提供多种服务包供用户选择,涵盖备份管理、状况报告、预防性维护等各类新型服务。

6. RobotStudio

RobotStudio 是一款处理 IRC5 数据的 PC 工具,功能强大,可离线工作,以数字形式完美展现自动化系统,具有丰富的编程与模拟功能。

7. 规格

控制器硬件有:多处理器系统 PCI 总线、大容量闪存盘、防掉电备用电源、闪存盘接口。控制软件有:成熟的实时操作系统、高级 RAPID 程序语言、PC-DOS 文件格式预装软件(以 DVD 为载体)扩展功能组,其余内容可参见 RobotWare 数据单。

8. 机械接口

I/O 接口为标准 16/16(最多 8192),数字接口为 DC24V 或继电器信号。模拟接口为 0~10V。串行通道为 1×RS-232(RS-422 带适配器)。网络为以太网(10/100MB/s)。两条通道分别为服务和 LAN。现场总线(主)为 DeviceNet TM PROFINET PROFIBUS DP Ethernet/IPTM。现场总线(从)为 PROFINET PROFIBUS DP Ethernet/IPTM Interbus Allen-Bradley。远程 I/O 为 CC-Link。处理编码器最多六通道。

9. 传感器接口

传感器接口有:探寻停止(带自动程序切换)、输送链跟踪、机器视觉系统、焊缝跟踪。

10. 用户接口

控制面板上的示教器带有彩色触摸屏、操纵杆、紧急停，支持惯用左/右手切换、支持闪存盘、支持维护诊断软件、支持恢复程序、支持带时间标记登录、支持远程服务。

11.3.2 机器人操作

1. 示教器

示教器是进行机器人的手动操作、程序编写、参数配置及监控用的手持装置，也是经常与人交互的机器人控制装置。

2. 机器人单轴手动操作

将控制柜的模式开关 切换到中间的手动位置，在状态栏上显示"手动"状态。

单击功能菜单按钮 ，在功能菜单中选择"手动操纵"命令，选择动作模式，选择"轴 1-3"或"轴 4-6"，然后单击"确定"按钮，如图 11.70～图 11.72 所示。

图 11.70 选择"手动操纵"命令

图 11.71 选择动作模式

图 11.72 选择坐标

用左手按下全能按钮，进入"电机开启"状态。操纵杆的幅度越小，机器人速度越慢；

操纵杆的幅度越大,机器人的速度越快。单击示教器的快捷菜单,进行速度的更改。

11.3.3 机器人 I/O 通信

1. 配置 DSQC652 板

DSQC652 板主要提供 16 个数字输入信号和 16 个数字输出信号的处理,主要用于与第三方设备的 I/O 控制。

打开功能菜单,选择"控制面板"命令,进入控制面板界面,选择系统参数,选择"DeviceNet Device"选项,在弹出的下拉列表框选择"DSQC 652 24 VDC I/O Device"选项,如图 11.73 和图 11.74 所示。

图 11.73　配置 DSQC652 板(一)

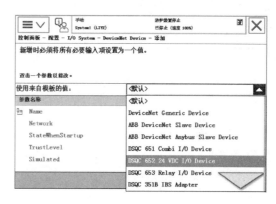

图 11.74　配置 DSQC652 板(二)

将 Address 的值更改为 10,如图 11.75 所示。这个值是系统内部已经固定的。操作完成之后,将控制器重启即可。

2. 定义数字输入信号 DI_01

选择"控制面板"→"配置"→"I/O"命令,在打开的界面中选择"Signal"选项,单击"添加"按钮,将内容按图 11.76 填写完整,单击"确定"按钮,弹出提示对话框,提示是否重启,此时单击"否"按钮。

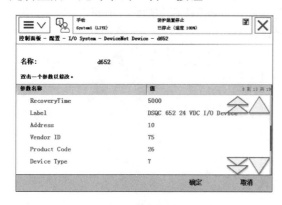

图 11.75　更改 Address 地址

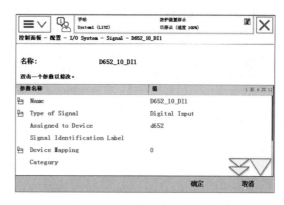

图 11.76　定义数字输入信号 DI_01

3. 定义数字输出信号 DO_01

选择"控制面板"→"配置"→"I/O"命令，在打开的界面中选择"Signal"选项，单击"添加"按钮，将内容按图 11.77 填写完整，单击"确定"按钮，弹出提示对话框，提示是否重启，此时单击"否"按钮。

4. 定义组数字输入信号 GI_01、输出信号 GO_01

选择"控制面板"→"配置"→"I/O"命令，在打开的界面中选择"Signal"选项，单击"添加"按钮，将内容按图 11.78 填写完整，单击"确定"按钮，弹出"提示"对话框，提示是否重启，此时单击"否"按钮。

图 11.77　定义数字输出信号 DO_01

图 11.78　定义组数字输入信号 GI_01

选择"控制面板"→"配置"→"I/O"命令，在打开的界面中选择"Signal"选项，单击"添加"按钮，将内容按图 11.79 填写完整，单击"确定"按钮，弹出"提示"对话框，提示是否重启，此时单击"是"按钮。

5. I/O 信号的监控与操作

当 I/O 信号建立之后，就可以通过"输入输出"状态表查看建立的 I/O 是否正确。

打开功能菜单，选择"输入输出"命令，在输入输出界面选择"视图"→"数字输入"选项，可以看到系统建的数字量输入信号当前的状态，如图 11.80 所示。用相同的方法依次选择查看"数字输出""组输入""组输出"等变量。

图 11.79　定义组数字输出信号 GO_01

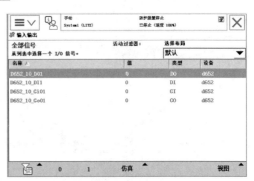

图 11.80　查看状态表

6. 示教器可编程按键设置

打开控制面板界面，选择"配置可编程按键"选项，在打开的界面中选择要进行常用操作的 DO 信号，如气爪、吸盘等。图 11.81 所示为用可编程按键 1 配置数字输出信号 D0_01，"允许自动模式"设置为否。

图 11.81　用可编程按键 l 配置数字输出信号 DO_01

11.3.4　机器人程序数据

1. 建立程序数据

程序数据的建立分为两种，一种是通过示教器建好；另一种是在建立程序时，系统自动生成对应的程序数据。下面介绍通过示教器建立程序数据。

打开功能菜单，选择"程序数据"命令，打开程序数据界面，选择"num"选项，单击"新建"按钮，建立数据，然后单击"确定"按钮，如图 11.82 和图 11.83 所示。

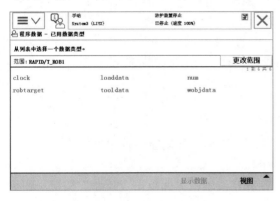

图 11.82　建立长效数据（一）　　　　图 11.83　建立长效数据（二）

2. 程序数据的类型

1）变量 VAR

在程序执行的过程中和停止时，变量 VAR 会保持当前的值，但如果程序指针被移动到主程序后，数值会丢失。

2）可变量 PERS

在程序执行时，无论指针如何，可变量 PERS 都会保持最后的值。

3）常量 COSNT

常量 COSNT 的特点是在定义时已赋予了数值，并不能在程序中修改，除非手动修改。

4）工具数据 tooldata 设定

工具数据 tooldata 用于描述安装在机器人第六轴上工具的 TCP、质量、重心等数据参数。一般不同的机器人应用配置不同的工具。

默认工具（tool0）的工具中心点位于机器人安装法兰的中心，也就是原始的 TCP 点。

TCP 的设定方法如下。

（1）在机器人工作范围内找一个非常精确的固定点作为参考点。

（2）在工具上确定一个参考点，最好是工具的中心点。

（3）用手动操作机器人去移动工具上的参考点，以四种不同的机器人姿态尽可能与固定点刚好碰上为依据，为了提高 TCP 的精度经常采用六点法。

（4）机器人通过四个位置点的位置数据计算出 TCP 数据，保存在 tooldata 程序数据中被程序调用。

5）工件坐标 wobjdata 设定

工件坐标对应工件，它定义工件相对于大地坐标的位置，机器人可以拥有多个工件坐标系，或表示不同的工件。

对机器人进行编程时就是在工件坐标系中创建目标和路径，这带来很多优点：

（1）重新定位工件站中的工件时，只需要更改工件坐标的位置，所有路径即刻随之更新；

（2）允许操作以外轴或传送导轨移动的工件，因为整个工件可连同其路径一起移动。

11.3.5 机器人程序的编写

1. RAPID 程序

RAPID 程序中包含一连串控制机器人的指令，执行这些指令可以实现对机器人的控制操作。RAPID 程序的特点如下。

（1）RAPID 程序由程序模块与系统模块组成。

（2）可建立多个程序模块。

（3）每一个程序模块包括程序数据、例行程序、中断程序和功能四种对象。

（4）在 RAPID 程序中，只有一个主程序 MAIN。

打开功能菜单，选择"程序编辑器"命令，在程序编辑器界面单击"新建"按钮，即可进行程序编辑。

2. RAPID 指令

ABB 机器人的 RAPID 编程提供了丰富的指令来完成各种简单与复杂的应用。

1）赋值指令

":="：赋值指令，用于对程序数据进行赋值，有两种形式。

常量赋值为：reg1:=5;。

数字表达式赋值为：reg2:=reg1+2;。

2）机器人运动指令

机器人在空间中的运动主要有绝对位置运动（MoveAbsJ）、关节运动（MoveJ）、线性运动（MoveL）和圆弧运动（MoveC）四种方式。

绝对位置运动（MoveAbsJ）指令：用六个轴和外轴的角度来定义目标位置数据，如图 11.84 所示。

关节运动（MoveJ）指令：在对路径精度要求不高的情况下，机器人的工具中心点 TCP 从一个位置移动到另一个位置，如图 11.85 所示。

图 11.84　绝对位置运动（MoveAbsJ）指令

图 11.85　关节运动（MoveJ）指令

线性运动（MoveL）指令：机器人的 TCP 从起点到终点之间的路径保持为直线，如图 11.86 所示。

圆弧运动（MoveC）指令：在机器人可到达的空间范围内定义三个位置点，第一个点是圆弧起点，第二个点是圆弧的曲率，第三个是圆弧的终点，如图 11.87 所示。

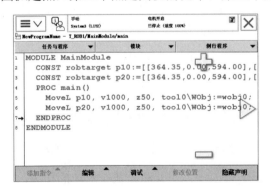

图 11.86　线性运动（MoveL）指令

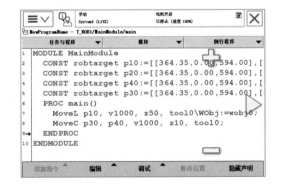

图 11.87　圆弧运动（MoveC）指令

3）I/O 控制指令

I/O 控制指令用于控制 I/O 信号，以达到与机器人周边设备进行通信的目的。

I/O 控制指令包括数字信号置位指令（Set）、数字信号复位指令（Reset）、数字输入信号判断指令（WaitDI）、数字输出信号判断指令（WaitDO）、条件判断指令（IF）、重复执行判断指令（FOR）、条件判断指令（WHILE）、调用例行程序指令（PROC）、时间等待指令（WaitTime）等。

数字信号置位指令（Set）和数字信号复位指令（Reset）如图 11.88 所示。如果在 Set、Reset 指令前有运动指令 MoveJ、MoveL、MoveC、MoveAbsJ 的转弯区数据，必须使用 Fine 才可以准确地输出 I/O 信号状态的变化。

数字输入信号判断指令（WaitDI）用于判断数字输入信号的值是否与目标一致，如图 11.89 所示。数字输出信号判断指令（WaitDO）用于判断数字输出信号的值是否与目标一致。

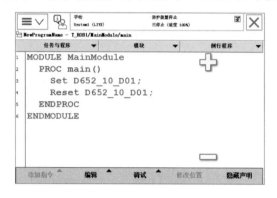
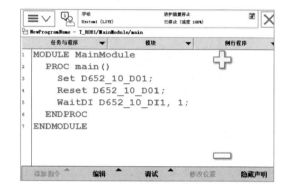

图 11.88　数字信号置位指令（Set）和数字信号复位指令（Reset）

图 11.89　数字输入信号判断指令（WaitDI）

条件判断指令（IF）的功能就是根据不同的条件去执行不同的指令，如图 11.90 所示。

重复执行判断指令（FOR）用于一个或多个指令需要重复执行数次的情况，如图 11.91 所示。

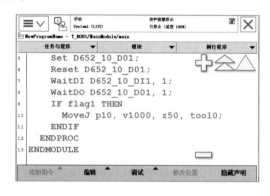
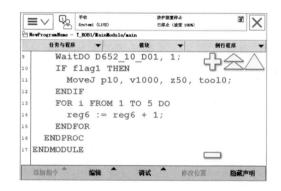

图 11.90　条件判断指令（IF）

图 11.91　重复执行判断指令（FOR）

条件判断指令（WHILE）用于在给定条件满足的情况下，一直重复执行对应的指令，如图 11.92 所示。

调用例行程序指令（PROC）用于指定例行的位置调用例行程序，如图 11.93 所示。

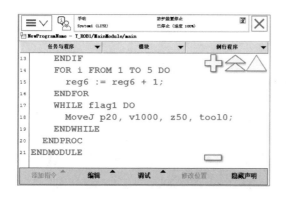
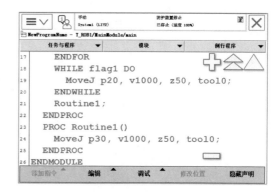

图 11.92　条件判断指令（WHILE）　　　　图 11.93　调用例行程序指令（PROC）

时间等待指令（WaitTime）用于程序在等待一个指定的时间以后，再继续向下执行，如图 11.94 所示。

3. RAPID 程序调试指令

1）调试例行程序

打开"调试"菜单，选择"PP 移至例行程序"命令，在打开的界面中选择"Routine1"选项，单击"确定"按钮，如图 11.95 所示。

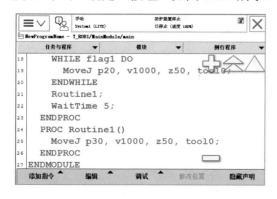

图 11.94　时间等待指令（WaitTime）　　　　图 11.95　调试例行程序

2）调试主程序

打开"调试"菜单，选择"PP 移至主程序"命令，在打开的界面中选择"Main"选项，单击"确定"按钮，如图 11.96 所示。

3）RAPID 程序自动运行

在手动状态下，完成调试确认运动，并逻辑控制正确之后，就可以将机器人系统投入自动运行状态，将钥匙左旋至自动状态，单击"确定"按钮，确认状态的切换。单击"PP 移至 Main"按钮，将 PP 指向主程序的第一条指令。按下白色按钮，持续 1s，开启电动机，再按下程序启动按钮。根据实际情况，修改速度。

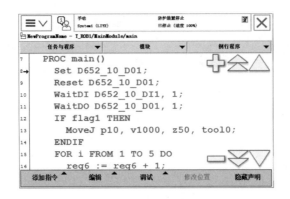

图 11.96　调试主程序

11.3.6　实训内容

1. 机器人搬运单元实训

1）单元简介

搬运单元主要是通过机器人将传送带上的工件抓取放入库位中。

2）实训目的

（1）了解机器人搬运的主体结构、熟悉整体流程动作过程。

（2）读懂工程图纸，学会照图完成安装接线，掌握检查方法。

（3）熟悉 PLC 编程软件的下载和故障诊断。

（4）掌握 RobotStudio 的在线编程和故障诊断方法。

（5）掌握机器人示教器的编程方法。

3）实训设备

（1）PC。

（2）ABB 机器人。

（3）西门子 PLC。

（4）万用表。

（5）标准工具包。

4）实训步骤

（1）上电后，操作盒上复位按钮指示灯以 1s 频率闪烁。

（2）手动将工件放到储料仓中。

（3）按下复位按钮后，机器人实训平台进行自动复位，复位动作如下：机器人夹爪牌处于打开状态，机器人自动复位到预定初始位置。

（4）复位完成之后，操作盒上的复位按钮指示灯常亮，启动按钮指示灯以 1s 频率闪烁。

（5）按下操作盒上的启动按钮之后，启动按钮指示灯常亮。

（6）码垛单元和搬运单元电动机同时启动，传送带将工件送到机器人抓取点，电动机停止。

（7）哪个工件的信号先到，机器人就先去抓取哪个工件。

（8）机器人抓取工件到指定库位处。

如此重复执行四次。

若机器人在运行的过程中停止,则需要将机器人手动控制到安全位置后再复位。

2. 机器人码垛实训单元

1)单元简介

码垛单元主要包含码垛盘、码垛工件,可以分别摆放在码垛盘的凹槽内,用于初始位置的预定。

2)实训目的

(1)了解码垛机器人的主体结构,熟悉整体流程动作过程。

(2)读懂工程图纸,学会照图完成安装接线,掌握检查方法。

(3)熟悉 PLC 编程软件的下载和故障诊断。

(4)熟悉触摸屏编程软件的下载及通信。

(5)掌握 RobotStudio 的在线编程和故障诊断方法。

(6)掌握机器人示教器的编程方法。

3)实训设备

(1)机器人。

(2)单电控电磁阀。

(3)PC。

(4)PLC 及通信电缆。

(5)万用表。

(6)其他工具。

4)实训步骤

(1)复位步骤搬运单元已说明,这里不再重复。

(2)按下操作盒上的启动按钮之后,启动按钮指示灯常亮。

(3)将工作台内部的运行模式开关扳到自动状态,并按下电动机的使能按钮。

(4)将手持盒中的机器人程序起始点移至 main()处。

(5)按下手持盒上的程序启动按钮。

(6)码垛单元电动机启动,传送带将工件送到机器人抓取点,电动机停止。

(7)机器人运动至抓取点,抓取工件。

(8)机器人将工件抓取至码垛单元指定库位处。

(9)机器人可将工件码垛成不同形状。

机器人可以将工件码垛成不同形状、高度,有兴趣的学生可以深入研究。

3. 机器人压铸实训单元

1)单元简介

该单元主要利用吸盘将压铸机中压铸过的工件进行吸取,检测是否合格。

2)实训目的

(1)读懂工程图纸,学会照图完成安装接线,掌握检查方法。

(2)熟悉 PLC 编程软件的下载和故障诊断。

（3）掌握 RobotStudio 的在线编程和故障诊断方法。

（4）掌握机器人示教器的编程方法。

3）实训设备

（1）机器人。

（2）PC。

（3）西门子 PLC。

（4）万用表。

（5）其他工具。

4）实训步骤

（1）复位步骤搬运单元已说明，这里不再重复。

（2）机器人将抓取吸盘工装。

（3）机器人将压铸机里的工件吸取，送到检测平台进行检测。

（4）检测合格后压铸机再进行合模动作。

如此执行三次。

机器人在进行描点时尽量多示教几个过渡点，使机器人运行在安全区域。

4. 机器人焊接实训单元

1）单元简介

该单元主要利用机器人夹取模拟焊枪工装，在平台上进行机器人轨迹的行走。

2）实训目的

（1）读懂工程图纸，学会照图完成安装接线，掌握检查方法。

（2）熟悉 PLC 编程软件的下载和故障诊断的方法。

（3）掌握 RobotStudio 的在线编程和故障诊断的方法。

（4）掌握机器人示教器的编程方法。

3）实训设备

（1）机器人。

（2）PC。

（3）西门子 PLC。

（4）万用表。

（5）其他工具。

4）实训步骤

（1）复位步骤搬运单元已说明，这里不再重复。

（2）机器抓取模拟焊枪工装。

（3）机器人将在焊枪单元平台走一个方形、圆形、三角形和 S 形轨迹。

（4）画完之后机器人将模拟焊枪工装放回原位。

（5）机器人回初始位置。

5. 生产线焊接实训单元

1) 单元简介
焊接工作站主要由机器人本体（含控制器和示教器）、焊接工装、焊接机构等组成，其用于完成车体的模拟焊接，焊接工作站上的激光发生器由机器人控制，模拟焊接时的精确点位。

2) 实训目的
（1）了解机器人装配的主体结构，熟悉整体流程动作的过程。
（2）读懂工程图纸，学会照图完成安装接线，掌握检查方法。
（3）熟悉 PLC 编程软件的下载和故障诊断的方法。
（4）熟悉触摸屏编程软件的下载及通信的方法。
（5）掌握 RobotStudio 的在线编程和故障诊断的方法。
（6）掌握机器人示教器的编程方法。

3) 实训设备
（1）PC。
（2）ABB 机器人。
（3）西门子 PLC。
（4）标准工具包。

4) 实训步骤
（1）上电后，控制柜上复位按钮指示灯以 1s 频率闪烁。
（2）按下复位按钮后，焊接单元进行自动复位。
（3）焊接单元复位完成之后，机器人将自动复位到预定初始位置。
（4）复位完成之后，启动按钮指示灯以 1s 频率闪烁。
（5）将手/自动旋钮旋转到自动状态，按下启动按钮之后，启动按钮指示灯常亮。
（6）三个单元确认启动完毕后，等按下总控区启动按钮以后，焊接单元的升降机构下降，触碰到下限位传感器后停止下降，PLC 向机器人发送到位信号。
（7）机器人接收小车到位信号后，开始按照既定的焊接线路模拟焊接，一面焊接完成后旋转气缸旋转，继续焊接另一面，当两面都完成焊接后，机器人向 PLC 发送焊接完成信号。
（8）PLC 接收焊接完成信号后，升降机构上升至上限位，等待喷涂单元发送传送小车的信号。

机器人在运行的过程中停止，需要将机器人手动控制到安全位置后再复位。

6. 生产线喷涂实训单元

1) 单元简介
喷涂工作站主要由机器人本体（含控制器和示教器）、喷涂工装、升降机构、喷涂机构等组成，用于完成车门的模拟喷涂。

2) 实训目的
（1）了解机器人的主体结构、熟悉整体流程动作过程。
（2）读懂工程图纸，学会照图完成安装接线，掌握检查方法。
（3）熟悉 PLC 编程软件的下载和故障诊断的方法。

（4）熟悉触摸屏编程软件的下载及通信的方法。

（5）掌握 RobotStudio 的在线编程和故障诊断的方法。

（6）掌握机器人示教器的编程方法。

3）实训设备

（1）机器人。

（2）喷涂装置。

（3）PC。

（4）PLC 及通信电缆。

（5）其他工具。

4）实训步骤

（1）上电后，控制柜上复位按钮指示灯以 1s 频率闪烁。

（2）按下复位按钮后，喷涂单元进行自动复位。

（3）喷涂单元复位完成之后，机器人将自动复位到预定初始位置。

（4）复位完成之后，启动按钮指示灯以 1s 频率闪烁。

（5）将手/自动旋钮旋转到自动状态，按下启动按钮之后，启动按钮指示灯常亮。

（6）三个单元确认启动完毕后，等按下总控区启动按钮以后，喷涂单元的升降机构下降至下限位，PLC 向机器人发送到位信号。

（7）机器人接收小车到位信号后，开始模拟喷涂，喷完一面后旋转气缸旋转，继续喷另一面，当两面都喷涂完成后，机器人向 PLC 发送喷涂完成的信号。

（8）PLC 接收喷涂完成信号后，升降机构上升至上限位，等待装配单元发送传送小车的信号。

由于气压的原因，需要先将容器里灌满水后，喷壶才能正常喷出雾状水。

7. 生产线装配实训单元

1）单元简介

装配工作站主要由机器人本体（含控制器和示教器）、气爪组件、升降机构、装配机构、视觉系统等组成，完成车门的装配和检测。

2）实训目的

（1）读懂工程图纸，学会照图完成安装接线，掌握检查方法。

（2）熟悉 PLC 编程软件的下载和故障诊断的方法。

（3）熟悉触摸屏编程软件的下载及通信的方法。

（4）掌握 RobotStudio 的在线编程和故障诊断的方法。

（5）掌握机器人示教器的编程方法。

3）实训设备

（1）机器人。

（2）吸盘工装。

（3）PC。

（4）PLC 及通信电缆。

（5）其他工具。

4)实训步骤

(1)上电后,控制柜上复位按钮指示灯以 1s 频率闪烁。

(2)按下复位按钮后,装配单元进行自动复位。

(3)装配单元复位完成之后,机器人将自动复位到预定初始位置。

(4)复位完成之后,启动按钮指示灯以 1s 频率闪烁。

(5)将手自动旋钮旋转到自动状态,按下启动按钮之后,启动按钮指示灯常亮。

(6)三个单元确认启动完毕后,按下总控区启动按钮,装配单元的升降机构下降至下限位,PLC 向机器人发送到位信号。

(7)机器人接收小车到位信号后,先运动到拍摄位置,视觉系统工作,判断车门是否已经安装,如果未安装,机器人执行装门动作;如果检测到有门,旋转气缸旋转 180°,视觉系统再进行判断。执行结束后机器人向 PLC 发送装配完成的信号。

(8)PLC 接收装配完成信号后,升降机构上升至上限位,等待右升降机构发送传送小车的信号。

视觉系统对光线有一定的要求,在白天和夜晚,视觉的快门等设置是不同的,可能导致不能作出正确的判断。

8. 生产线升降机构

1)单元简介

该单元是小车循环工作的中转装置。

2)实训目的

(1)读懂工程图纸,学会照图完成安装接线,掌握检查方法。

(2)熟悉 PLC 编程软件的下载和故障诊断的方法。

3)实训设备

(1)升降平台。

(2)其他工具。

4)实训步骤

(1)该单元是随装配单元一起复位、一起启动的,属于装配单元的一部分。

(2)该单元在自动运行时只有三个状态:在下限位等待、在上限位等待、执行升降。

(3)升降机构在下限位时,等待装配单元完成装配,装配单元向右升降机构输送小车。

(4)升降机构在上限位时,等待左升降机构发送缺料信号,向左升降机构送小车。

(5)当右升降机构在下限位有小车时,右升降机构上升,准备向左升降机构送小车,送完小车后,右升降机构下降,再次等待装配单元输送小车。

装配单元和右升降机构涉及很多信号的交互,在编程时对辅助寄存器的复位时间点有一定要求。

参 考 文 献

[1] 王阿根. 西门子 S7-200 PLC 编程实例精解[M]. 北京：电子工业出版社，2011.
[2] 郑凤翼，金沙. 图解西门子 S7-200 系列 PLC 应用 88 例[M]. 北京：电子工业出版社，2010.
[3] 霍罡. 欧姆龙 CP1H PLC 应用基础与编程实践[M]. 北京：机械工业出版社，2014.
[4] 肖明耀. 欧姆龙 CP1H 系列 PLC 应用技能实训[M]. 北京：中国电力出版社，2011.
[5] 王海，陈白宁. PLC 高级应用技术[M]. 北京：北京理工大学出版社，2018.
[6] 赵光. 西门子 S7-200 系列 PLC 应用实例详解[M]. 北京：化学工业出版社，2010.
[7] 陈白宁，段智敏，刘文波. 机电传动控制基础[M]. 沈阳：东北大学出版社，2008.
[8] 肖宝兴. 西门子 S7-200 PLC 的使用经验与技巧[M]. 2 版. 北京：机械工业出版社，2011.
[9] 赵景波，田艳兵，谭艳玲. 西门子 S7-200 PLC 体系结构与编程[M]. 北京：清华大学出版社，2015.
[10] 高安邦，黄志欣，高洪升. 西门子 PLC 技术完全攻略[M]. 北京：化学工业出版社，2015.
[11] 海心，马银忠，刘树青. 西门子 PLC 开发入门与典型实例（修订版）[M]. 北京：人民邮电出版社，2010.
[12] 熊诗波，黄长艺. 机械工程测试技术基础[M]. 3 版. 北京：机械工业出版社，2011.
[13] 慕丽. 机械工程中检测技术基础与实践教程[M]. 北京：北京理工大学出版社，2018.
[14] 王守忠，聂元铭. 51 单片机开发入门与典型实例[M]. 北京：人民邮电出版社，2009.
[15] 张义和，王敏男，许宏昌，等. 例说 51 单片机：C 语言版[M]. 3 版. 北京：人民邮电出版社，2010.
[16] 周润景，袁伟亭，景晓松. Proteus 在 MCS-51&ARM7 系统中的应用百例[M]. 北京：电子工业出版社，2006.
[17] 关丽荣，岳国盛，韩辉. 单片机原理、接口及应用[M]. 北京：国防工业出版社，2015.
[18] 黄智伟. 凌阳单片机课程设计指导[M]. 北京：北京航空航天大学出版社，2007.
[19] 廖磊，何巍，周晓林. 单片机与 FPGA 实训教程[M]. 北京：科学出版社，2016.
[20] 关丽荣. 单片机原理及接口技术[M]. 西安：西安交通大学出版社，2018.
[21] 胡伟. 工业机器人行业应用实训教程[M]. 北京：机械工业出版社，2016.
[22] 连硕教育教材编写组. 工业机器人仿真技术入门与实训[M]. 北京：电子工业出版社，2018.